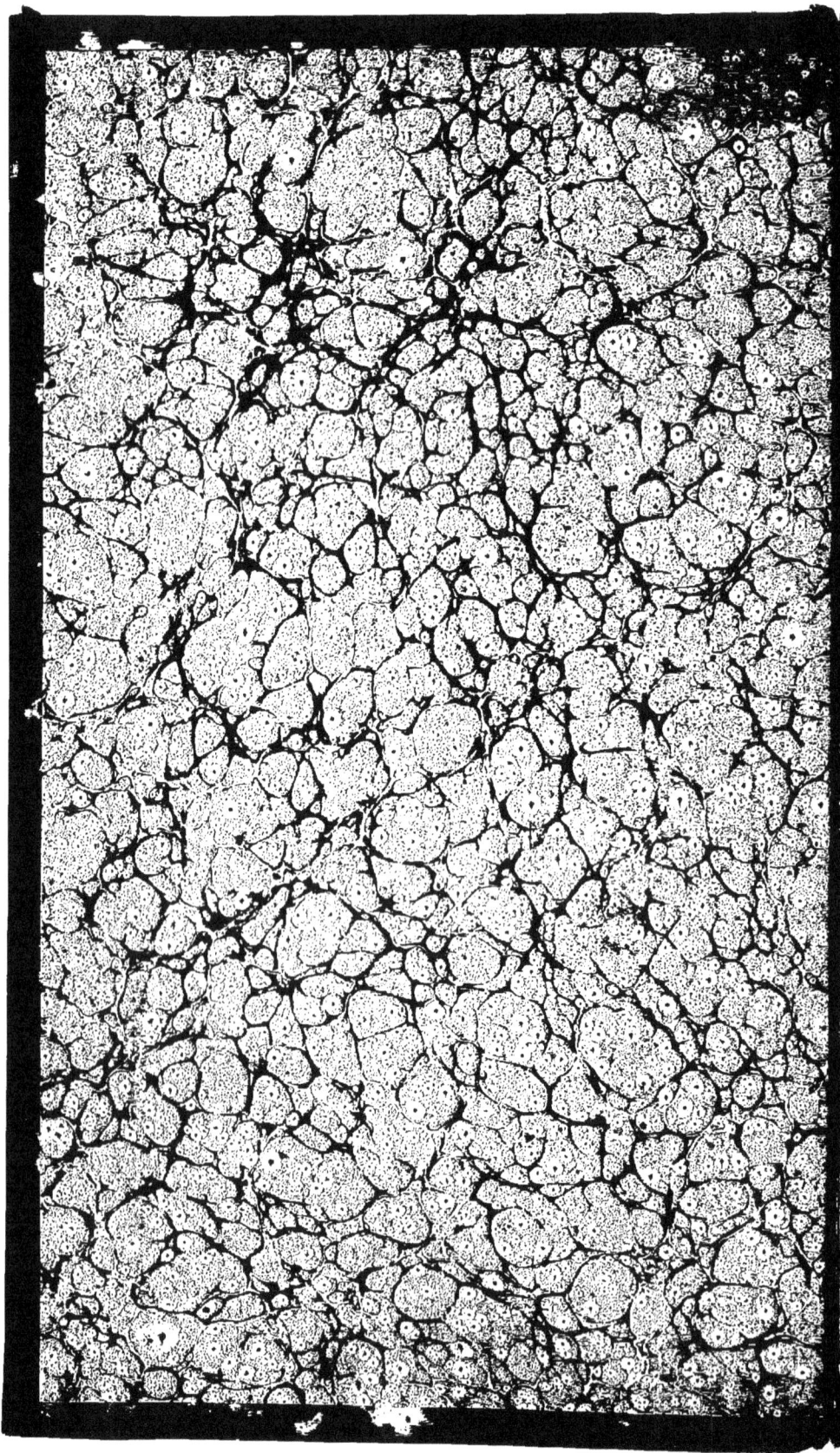

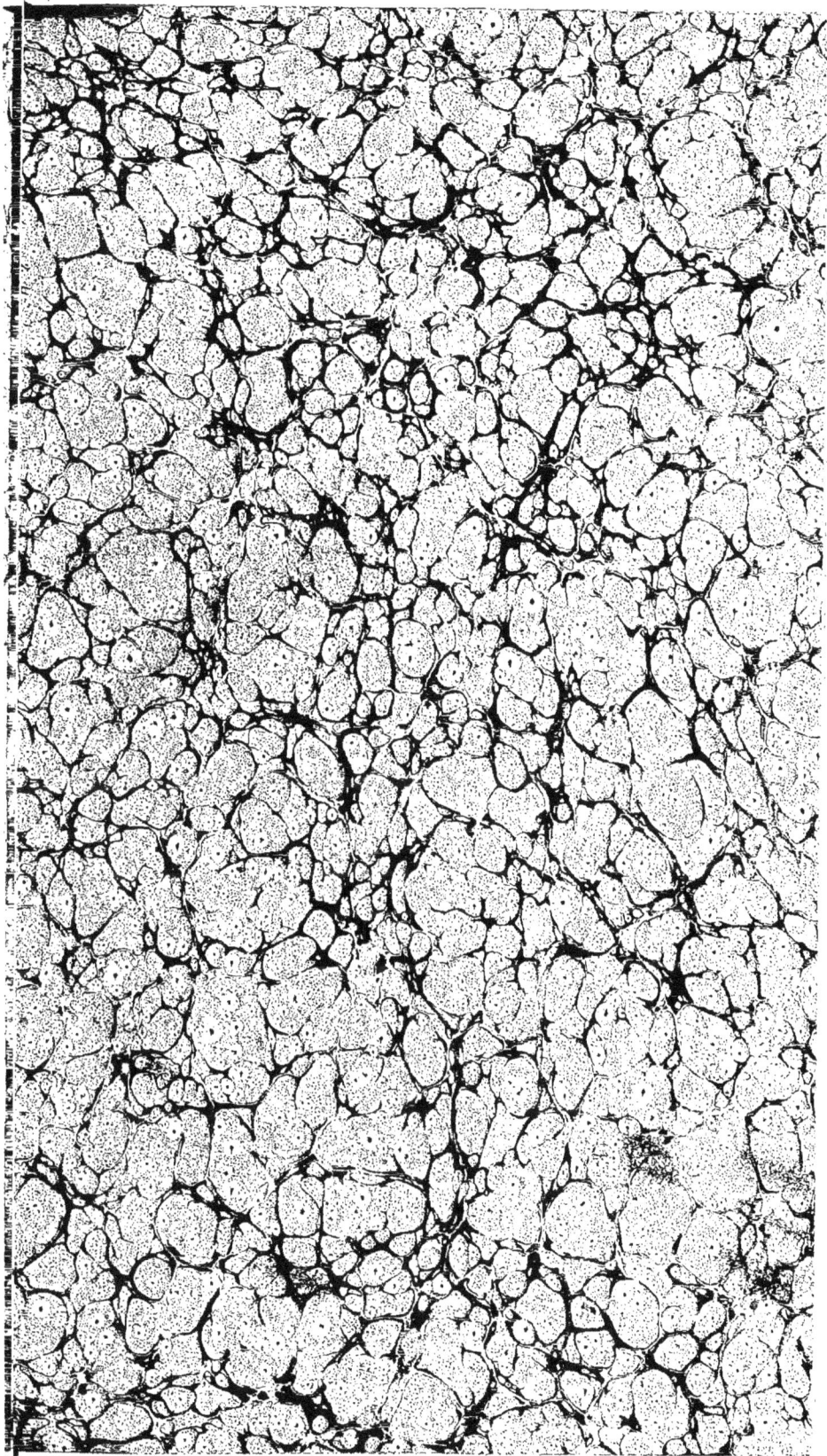

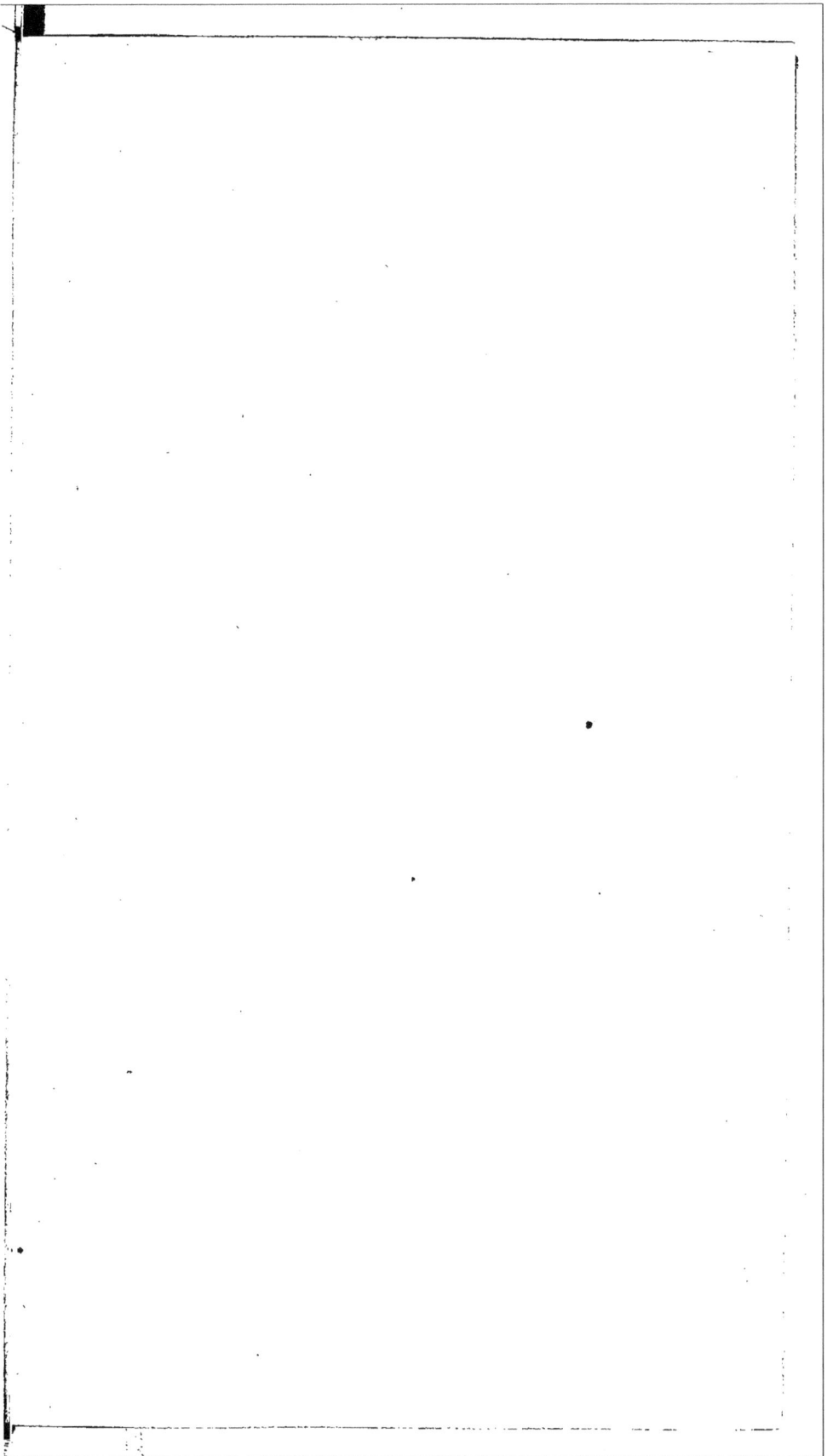

32077

ÉLÉMENS

D'ARITHMÉTIQUE

COMPLÉMENTAIRE.

SE TROUVE A PARIS,

Chez
{
GRIMBERT, libraire, rue de Savoie.

BACHELIER, libraire pour les mathématiques, quai des Augustins.

BOSSANGE père, rue de Richelieu.

SAUTELET, libraire, rue de la Bourse.

BRUNOT-LABBE, libraire, quai des Augustins.

Prix 5 fr. pour Paris et 6 fr. franc de port.

ÉLÉMENS
D'ARITHMÉTIQUE
COMPLEMENTAIRE,

OU

MÉTHODE NOUVELLE,

PAR LAQUELLE,

A L'AIDE DES COMPLÉMENS ARITHMÉTIQUES,

ON EXÉCUTE TOUTES LES OPÉRATIONS DE CALCULS

PAR M. BERTHEVIN.

NOUVELLE ÉDITION.

Cùm eò quò intenderam defessus accessi,
nova exoritur materies.

AVERANI, Orat. 1.ᵉ

IMPRIMÉ

PAR AUTORISATION DE M.ᵍⁱ LE GARDE DES SCEAUX,

A L'IMPRIMERIE ROYALE.

1826.

Freud on Regeneration

PRÉFACE.

CETTE seconde édition nous était demandée par un grand nombre de calculateurs; et quoiqu'il reste environ cent exemplaires de la première, nous n'avons pas hésité à la publier. Voici les changemens qui ont été opérés. La complémentation s'est simplifiée dans la pratique : nous avons indiqué les méthodes nouvelles qui imprimaient à ce calcul plus de rapidité ; nous avons, pour la division sur-tout, présenté un plus grand nombre d'exemples qui, se prêtant à la méthode, lui donnent un plus grand degré d'utilité.

Nous avons introduit dans cette nouvelle édition, l'application du calcul

complémentaire à la formation des
puissances et à l'extraction des racines :
telle est la simplicité de nos moyens,
pour cette dernière opération sur-tout,
que nous aimons à penser qu'à l'avenir
les extractions des racines se feront
habituellement par le nouveau procédé.

Nous avons traité avec plus de simplicité ce qui concerne les fractions
décimales périodiques, en élaguant tout
ce qui regardait les périodes, dans un
système autre que celui qui a dix pour
base.

Nous n'avons pas renoncé à l'espé-
rance d'avancer cette théorie neuve ;
mais il eût fallu trop de développemens ;
et les méthodes étant fondées sur des
principes trop élevés pour les renfermer
dans des élémens, nous consacrerons
par la suite à ces recherches un traité

ex professo. En attendant, la première
édition ayant jalonné les principes, les
mathématiciens, curieux de ces recherches, y trouveront des sujets de médi-
tation qui peuvent intéresser la science
du calcul.

Nous avons, sous le titre de *Dévelop-*
pemens, réuni plusieurs démonstrations
algébriques ; elles appartiennent autant
à mes amis qu'à moi : MM. Servois,
Houry, de Billy, Terquem, &c. &c.,
ont contribué à redresser des données
peu exactes, m'ont fourni des notes,
m'ont indiqué des vues. Qu'ils trouvent
ici l'expression de ma reconnaissance,
pour les secours qu'ils m'ont promis, et
pour ceux que j'en ai déjà obtenus.
Omnia inter amicos communia , a dit le
comique latin. Si nous parvenons, par
nos efforts, à simplifier des méthodes
utiles, le plaisir d'avoir fait le bien

ensemble, sera la jouissance commune
de tous.

Les théorèmes difficiles qui nous
occupent depuis dix ans sur les restes
des puissances, sur les nombres premiers,
sur la connexion entre les indétermi-
nées du premier degré et les valeurs des
restes, sur l'application des méthodes
complémentaires à la géométrie et aux
calculs différentiel et intégral, nous lais-
sent encore beaucoup à desirer. L'induction nous a, pour ainsi dire, révélé les
principes, mais les démonstrations de
plusieurs nous échappent encore.

« On est, dit le célèbre M. Gauss,
» souvent conduit par la simple induc-
» tion à la découverte de vérités impor-
» tantes, et cela, avec une merveilleuse
» facilité: faut-il les démontrer, les diffi-
» cultés naissent de toute part. La vé-
» rité principale s'offre d'elle-même,

» par induction, aux recherches du ma-
» thématicien ; mais le moyen de la
» montrer dans tout son jour ne s'ob-
» tient qu'après des efforts très-grands ;
» et souvent, alors, se présente en sui-
» vant une route diamétralement op-
» posée à celle qu'on avait prise d'abord :
» est-on sur la voie, on rencontre plu-
» sieurs routes qui mènent au but ; le
» lien qui attache cette vérité à une
» vérité déja trouvée, qui la coordonne
» à d'autres, se fait apercevoir, et il en
» naît une théorie d'ensemble (1). »

Cependant, nous consacrerons nos premiers loisirs à rédiger et à publier nos recherches, sans omettre l'énoncé des vérités que nous n'aurons qu'entre-vues : heureux si la science des nombres

_____

(1) Nous avons, pour rendre notre pensée, géné-
ralisé celle du professeur de Gottingue.

peut recueillir quelques fruits de nos travaux !

Nous invitons les mathématiciens à nous transmettre par la voie de notre libraire, et francs de port, les résultats de leurs examens et de leurs réflexions; nous les mettrons à profit, en indiquant ce que nous devrons à chacun d'eux.

BERTHEVIN.

ARITHMÉTIQUE

COMPLÉMENTAIRE.

NOTIONS PRÉLIMINAIRES.

L'ARITHMÉTIQUE complémentaire consiste dans la substitution des complémens aux nombres ordinaires pour toutes les opérations usuelles, et elle se sert des mêmes signes que ceux employés dans le calcul ordinaire pour désigner les résultats figurés des opérations : nous allons en donner la nature, la valeur et la forme.

Le signe $+$ est employé comme désignant une addition ; deux nombres qui sont séparés par ce signe sont regardés comme une somme : il s'énonce par *plus* ; ainsi $4 + 3$ se lit 4 plus 3, et marque qu'il faut ajouter 4 et 3 ensemble ; ce qui donne 7 pour somme. Le signe $-$ désigne la soustraction ; deux nombres qui sont séparés par ce signe sont regardés comme une différence : il s'énonce par *moins* ; ainsi $8 - 5$, qui se lit 8 moins 5, marque la soustraction de ces deux nombres et le reste est 3.

Pour marquer que deux nombres doivent entrer dans un produit comme facteurs, on les sépare par le signe ×, et on l'énonce *multiplié par;* ainsi en écrivant 5 × 7, je désigne la multiplication de 5 par 7.

Pour indiquer la division, on se sert du signe :, qui se lit *divisé par,* ou bien on écrit le dividende pour numérateur d'une fraction dont le diviseur serait le dénominateur. Exemple, 8 : 2 ou $\frac{8}{2}$ indique la division de 8 par 2. Le signe > veut dire *plus grand que,* ainsi 12 > 7 se lit 12 plus grand que 7; et le signe < signifie *plus petit que.* Exemple, 10 < 17 se lit 10 plus petit que 17.

On se sert encore d'un autre signe =, qui marque l'égalité des quantités qui en seraient séparées.

On nomme puissance de 10 l'unité suivie de plusieurs zéros; le nombre des zéros indique le degré de la puissance.

La 1.re puissance de 10 est 10.
La 2.e ——————— 100.
La 3.e ——————— 1000.
La 4.e ——————— 10000.
et ainsi de suite.

L'extraction de la racine carrée s'indique par le signe $\sqrt{\ }$, qui se lit *racine carrée de*. Exemple, $\sqrt{9}$ signifie racine carrée de 9 équivaut à 3. Si, au lieu de la racine carrée ou racine 2.me, on voulait marquer la racine cubique ou 3.me, la racine bicarrée ou 4.me, en un mot une racine d'un degré quelconque, on devrait mettre le signe du degré entre les branches du signe radical; $\sqrt[3]{\ }$ $\sqrt[4]{\ }$ se lit *racine cubique, racine 4.me*

L'arithmétique usuelle, dans sa généralité, considère les nombres,

1.° Dans leur numération;

2.° Dans le calcul des entiers pour les opérations de l'arithmétique;

3.° Dans le calcul des fractions;

4.° Dans le calcul des rapports ou des proportions, et les différentes questions qui en dépendent;

5.° Dans la formation des puissances ou l'extraction des racines.

Nous allons suivre le même ordre; indiquer dans le cas de l'arithmétique complémentaire les changemens qu'on peut introduire dans la méthode usuelle, et les principaux résultats qui en dérivent.

Dans une matière aussi neuve, nous ne pouvons pas tout dire, et nous nous bornerons d'abord à l'exposé mécanique des opérations pratiques, réservant pour la seconde partie les diverses questions analytiques qui ont fait l'objet de nos recherches : elles seront indiquées à chaque section et placées en forme de notes.

NUMÉRATION.

Le mécanisme de la numération décimale est trop connu pour le reproduire ici (1); nous nous contenterons donc d'offrir à nos lecteurs quelques réflexions sur la transformation d'un nombre écrit dans une autre échelle numérique que 10.

On sait que, pour transporter un nombre d'une échelle dans une autre, la méthode ordinaire consiste à diviser le nombre proposé par la

---

(1) Nous devons cependant faire remarquer à nos lecteurs que le caractère zéro n'a pas de valeur numérique; sa seule fonction est de remplacer les rangs qui manquent: ainsi, quand j'écris 970, zéro marque qu'il n'y a pas d'unités et que le nombre commence par des dixaines; dans 9087, zéro m'apprend que le nombre n'a pas de centaines.

base (1) du système, écrire le reste, qui sera le chiffre des unités de la nouvelle échelle ; ensuite diviser le quotient par cette même base, écrire ce second reste à coté du premier, ce sera le deuxième chiffre, et ainsi de suite. Exemple : si l'on veut transformer 886 écrit dans l'échelle ordinaire, en un autre nombre dont l'échelle serait *neuf* 9, on aura 1184 ; 886 divisé par 9 donne 98 pour quotient, avec 4 pour reste ; ce sera le premier chiffre du nombre, écrit dans le nouveau système. Je divise 98 par 9; le quotient est 10 et le reste 8: 8 sera le deuxième chiffre. Une dernière division de 10 par 9 donne 1 pour quotient, et 1 pour reste. Ainsi 4 marque les unités dans ce nombre, 8 exprimera des neuvaines, le premier 1 sera des 81.^{nes}, et le deuxième 1 des 729.^{nes}; et, en effet, on peut réunir ainsi ces parties.

$$
\begin{aligned}
&\text{1.}^{er}\text{ chiffre}\ldots\ldots\ldots\ldots\quad 4.\\
&\text{2.}^{e} \rule{1cm}{0.4pt}\ 8 \times 9 \ldots\ldots\quad 72.\\
&\text{3.}^{e} \rule{1cm}{0.4pt}\ 1 \times 81 \ldots\ldots\quad 81.\\
&\text{4.}^{e} \rule{1cm}{0.4pt}\ 1 \times 729 \ldots\ldots\quad 729.
\end{aligned}
$$

La somme reproduit le nombre 886.

(1) On entend par base d'un système de numération, le nombre qui représente la quantité de caractères qu'on

De même, si l'on voulait changer le nombre 2947 en douzaines, on aurait 1857; en effet, réunissant, on aurait :

1.er chiffre.		7.
2.e ——— 5 × 12.		60.
3.e ——— 8 × 144. . . .		1152.
4.e ——— 1 × 1728. . .		1728.
La somme égale. . . .		2947.

Dans la méthode complémentaire, nous distinguerons deux genres de numération, la numération à base première, et la numération à base composée : la numération sera dite à base première, toutes les fois que le nombre des caractères employés sera un nombre premier ; ainsi les numérations binaire, ternaire, quintenaire, &c. seront à base première, parce que 2, 3, 5, &c. sont des nombres premiers : au contraire, si la base pouvait se décomposer en facteurs, la numération serait à base composée. Exemple : les numérations quartenaire, sextenaire, nonaire, duodécimale, sont à base

emploie : ainsi, dans la numération décimale, la base est 10, parce qu'il y a dix caractères ; dans la numération binaire, la base est 2 ; dans la numération duodécimale, la base est 12.

composée, parce que les nombres 4, 6, 9,
12, &c., sont décomposables en facteurs.

Cette numération à base complexe sera
sentie et appréciée par la suite.

Jusqu'ici on avait appelé *complément* la
différence d'un nombre avec l'unité suivie
d'autant de zéros qu'il y avait de chiffres dans
le nombre.

Nous étendrons la signification de complément à toute *différence* d'un nombre avec
un autre, puisque en effet c'est ce qui manque
pour que les deux nombres soient égaux (1).

Cependant, quand nous n'indiquerons pas
sur quel nombre complémentateur nous avons
complémenté, ce sera toujours sur dix ou
sur ses puissances qu'il faudra prendre le
complément.

Les complémens recevront différentes dé-

_____

(1) On doit déjà apercevoir que c'est un calcul aux
différences numériques. La différence prend le nom de
complément; le nombre fixe qui sert à prendre le complément
est nommé *complémentateur.* Les résultats doivent tous con-
server leurs élémens; aucun d'eux n'étant dans le rapport
de 1 à ∞, ne saurait s'évanouir. Un terme de comparaison
pour apprécier les différences est introduit, et c'est le choix
de ce terme qui fait que les opérations complémentaires
sont souvent plus rapides.

nominations d'après leur nature ; s'ils sont tels, qu'ajoutés au nombre ils donnent pour somme le *complémentateur* (1), le *complément* sera dit *direct* ou *positif ;* s'ils sont tels, que retranchés du nombre ils redonnent le complémentateur, ils seront appelés *inverses* ou *négatifs ;* on les nommera *naturels*, *positifs* ou *négatifs,* s'ils sont pris sur 10 et ses puissances ; autrement, *directs* ou *inverses.* On les désignera en énonçant le complémentateur, s'ils sont pris sur une autre série de nombres.

Pour marquer le complément direct ou positif d'un nombre, nous nous servirons du signe C devant le nombre ; pour le complément inverse ou négatif, nous l'indiquerons par le signe Ɔ ou C renversé ; si le nombre complémentateur n'est pas 10, il sera inscrit vis-à-vis de la courbure du C.

Exemple.

Complément de 13.	Ɔ 13 = — 3.
Complément de 7.	C 7 = + 3.
Complément de 18 sur 12.	12| Ɔ 18 = — 6.
Complément de 9 sur 13.	13| C 9 = + 4.

(1) Nous appellerons ainsi le nombre sur lequel nous prendrons nos complémens.

Pour changer en général une valeur complémentée sur un certain nombre en celle complémentée sur un autre nombre, il faudra ajouter ou retrancher la différence des nombres complémentateurs à chaque complément.

1.ᵉʳ *Exemple.*

Le complément de 7 sur 10 est 3, et sur 12 est 5. La différence entre les deux nombres complémentateurs est 12 — 10, ou 2, qui, ajouté au premier complément 3, donne le second complément 5.

2.ᵉ *Exemple.*

Le complément de 11 sur 17 est 6, et sur 13 est 2; on a 2 = 6—4, ou 6 moins 4 (la différence entre 17 et 13). Donc il faudra ajouter la différence quand le second nombre complémentateur sera plus grand que le premier, et retrancher cette différence quand le contraire aura lieu.

Pour marquer qu'un nombre est écrit dans un système de numération composée, c'est-à-dire, appartenant à une numération décimale composée, nous écrirons devant le signe ⌐ , en mettant dans la première branche du signe ⌐ le caractère 10, et dans la seconde celui du nombre co-complémentateur : ainsi 10|25 signifierait qu'un nombre appartient à la numération dont la base serait composée des facteurs 10 et 25, et serait par conséquent 250.

Si la base était composée d'un plus grand nombre de facteurs que deux, on éleverait une ou deux branches de plus; par exemple, 10|3|17 désignerait un nombre appartenant à la numération composée dont la base serait 10 × 3 × 17 ou 510.

ADDITION.

La simplicité et la nature de la méthode de l'addition ne laisse aux complémens aucun moyen d'abréviation ou de simplification; et comme c'est à ramener vers ses procédés que tendent la plupart des opérations par complémens, nous les présentons ici succinctement. Ils se réduisent à prendre la somme de la première colonne à droite, qui est celle des unités, à écrire à la somme les unités s'il y en a, et reporter les dixaines à la colonne des dixaines; en un mot, à augmenter la colonne suivante à gauche des dixaines que donnait la précédente : de cette manière on obtient la somme.

SOUSTRACTION.

Pour faire la soustraction par complément, il faut ajouter au nombre dont on soustrait, le complément du nombre à soustraire : vous aurez la différence en retranchant une unité du chiffre des unités de l'ordre le plus élevé de cette somme. Soient proposés les nombres 817 et 489 dont il faut apprécier la différence : j'écris sous 817 le complément de 489, savoir 511, et, après avoir ajouté, j'ai pour somme 1328 ; effaçant ou soustrayant un mille, j'ai 328 pour la différence demandée.

On aurait, au lieu de complémenter sur mille, pu complémenter sur 500 ; alors on aurait ajouté 11 à 817, ce qui aurait donné 828 ; en retranchant le complémentateur ou cinq unités aux centaines, on aurait encore eu 328, qui est la différence cherchée.

En général, le complémentateur peut être pris dans un ordre quelconque ; il ne faudra que le soustraire après l'opération. Exemple : Je veux retrancher 287 de 746 : je complémente sur 300, et j'ajoute le complément 13 à 746 ; j'ai 759, d'où retranchant le com-

plémentateur 300, il me reste la différence
459.

Je veux retrancher 7264 de 9874 : j'ajoute
à ce dernier nombre le complément 2736 ; la
somme est 12610 ; retranchant l'unité la plus
haute, le reste 2610 exprime la différence des
deux nombres.

Exemple.

Supposons qu'il faille soustraire 491 de
679 : le complément de 491 sur 500 est 9,
qui, ajouté avec 679, donne 688, d'où retranchant les 5 centaines du complément,
on a 188, qui est la différence demandée.

La soustraction peut encore s'effectuer en
ajoutant au nombre que l'on doit soustraire,
le complément de celui d'où l'on veut soustraire ; le complément de la somme sera la
différence.

Exemple.

On veut de 68 retrancher 41, j'ajoute le
complément 32 à 41 ; j'ai 73 : 27, complément
de 73, est la différence des deux nombres.
Voyez à la note première, sur la soustraction.

MULTIPLICATION.

On sait que la mulplication est le cas de l'addition répétée d'un nombre à lui-même, que le nombre qu'on ajoute prend le nom de multiplicande, que le nombre qui exprime combien de fois le multiplicande est ajouté reçoit le nom de multiplicateur, que le résultat de l'opération est appelé produit.

Nous rappellerons à nos lecteurs les principes suivans, qui seront quelquefois invoqués dans le cours de cette arithmétique.

Le produit est en raison directe et composée de ses facteurs; ainsi,

1.° Quand un facteur est l'unité, le produit est égal au cofacteur;

2.° Quand un facteur est plus grand que l'unité, le produit est plus grand que le cofacteur;

3.° Quand un facteur est fractionnaire ou plus petit que l'unité, le produit est plus petit que le cofacteur.

Nous supposerons nos lecteurs instruits des procédés de la multiplication usuelle, qui consiste à multiplier d'abord tout le multiplicande par les unités du multiplicateur, à écrire

le premier produit sur une première ligne ;
2.° à multiplier tout le multiplicande par les
dixaines du multiplicateur, à écrire le produit
en le reculant d'un rang vers la gauche ;
3.° tout le multiplicande par les centaines du
multiplicateur, et à écrire le produit en reculant de deux rangs vers la gauche , et ainsi ,
pour les autres chiffres du multiplicateur, à
faire la somme des produits partiels pour avoir
le produit total. Ces notions rappelées suf-
fisent pour suivre nos procédés.

La multiplication par complémens offre,
dans plusieurs circonstances , des moyens pratiques si actifs, qu'il convient de lui donner
un plus grand développement ; nous parta-
gerons ce que nous avons à en dire en plusieurs sections.

1.° Multiplication par complémens directs
ou positifs, le complémentateur étant 10 ou
une des puissances décimales ;

2.° Multiplication par complémens inverses
ou négatifs sur un complémentateur qui serait
également une puissance de 10 ;

3.° Multiplication sur des complémens pris
sur les fractions des puissances de 10 dans
l'un ou l'autre cas ;

4.° Réflexions sur la généralité de cette méthode, et son application.

PREMIÈRE SECTION.

Complémens directs ou positifs.

Pour effectuer la multiplication sur des nombres au-dessous de 10, 100, 1000, &c., j'écris les deux nombres à côté l'un de l'autre et leurs complémens au-dessus ; je retranche l'un des complémens du cofacteur : cette différence exprimera les dixaines, centaines ou mille du produit, suivant que l'on aura complémenté les facteurs sur 10, 100 ou 1000 : on la nomme *la partie décadaire* du produit; et pour avoir les chiffres ultérieurs du produit, je supposerai autant de zéros par la pensée qu'il y en a dans le complémentateur, et j'écris pour chiffres réels le produit des deux complémens, que j'appellerai *le produit complémentaire.*

Exemple.

Soit 988 à multiplier par 991.

C 12. C 9.

$$988 \times 991 = 979$$
$$108 = 12 \times 9$$

Produit 979,108.

J'écris 988 et 991 à côté l'un de l'autre ; je retranche ou 9 de 988 ou 12 de 991 , et 979 m'offrira la partie décadaire du produit, qui sera des unités de 1000 ; je suppose par la pensée 979 suivi de trois zéros, et le produit 9 × 12 = 108 me donnera les trois autres chiffres.

Une démonstration synthétique serait difficile à donner et très-abstraite; nous la donnerons ci-après dans la note deuxième, où l'analyse nous l'offrira plus clairement, et nous y renverrons nos lecteurs. Nous allons encore présenter quelques exemples.

1.er Exemple.

Soit proposé de multiplier 97 par 89.

C 3. C 11.

$$97 \times 89 = 86$$
$$33 = 11 \times 3$$

Produit 8633.

Retranchant un des complémens de l'autre nombre, j'ai 86 ; prenant ensuite le produit des deux complémens que je juxta-pose, j'ai 8633 pour produit.

(17)

2.ᵉ Exemple.

C 3.   C 54.
997 × 946 = 943
$\qquad$ 162 = 54 × 3
_____

Produit 943162.

De 997 retranchant 54, ou 3 de 946, j'ai
943 pour partie décadaire; prenant le produit de 3 par 54, j'ai 162; juxta-posant 162,
qui est le produit complémentaire, j'ai
943162.

3.ᵉ Exemple.

9989 à multiplier par 9863.
C 11. C 137.
9989 × 9863 = 9852
$\qquad$ 1507 = 137 × 11
_____

98521507.

4.ᵉ Exemple.

On propose la multiplication de 967 par
981; la partie décadaire sera 967 moins 19,
complément de 981, qui donne 948 : je juxta-
pose le produit de 33 par 19 ou 627; mon

2

produit est 948627. Je figure ainsi l'opération :

C 19.   C 33.

981 × 967 = 948000, partie décadaire.

627, produit complémentaire.

Produit 948627.

5.ᵉ et dernier Exemple.

Soit enfin 989763 à multiplier par 999988, on aura :

C 10237.   C 12.

989763 × 999988 = 989751

122844.

Produit 989751122844.

Le produit s'obtient par la simple soustraction d'un des complémens et par la juxtaposition du produit des deux complémens; car en effectuant la soustraction de 12 sur le premier facteur, j'ai obtenu 989751, qui exprime les 1000000 du produit. Cette partie, obtenue par la soustraction, prendra le nom de partie décadaire du produit, tant que nous opérerons sur la base de numération 10 : en ajoutant maintenant 122844, produit des complémens 10237 et 12, on aura le produit total et exact 989751122844.

II.ᵉ SECTION.

Complémens inverses.

Si les complémens étaient inverses ou négatifs, c'est-à-dire, si les nombres étaient au-
dessus de 10, 100, 1000, en un mot d'une
puissance quelconque de 10, il faudrait ajouter
les complémens au lieu de les retrancher, et
cette somme donnerait la partie décadaire ;
l'autre partie du produit s'obtiendra comme
ci-dessus.

1.ᵉʳ Exemple.

Soit proposé de multiplier 109 par 107.

$$\mathrm{C}\,9.\quad \mathrm{C}\,7.$$
$$109 \times 107 = 116$$
$$63 = 9 \times 7$$
$$\text{Produit } 11663.$$

J'ajoute ici 7 à 109, ce qui me donne, pour
partie décadaire, 116 ; je prends le produit
complémentaire $7 \times 9 = 63$, et je juxta-
pose ce résultat de la multiplication des deux
complémens.

2 *

2.ᵉ Exemple.

Soit à multiplier 1124 par 1008.

Ɔ 124.   Ɔ 8.

$1124 \times 1008 = 1132$

$\underline{992} = 124 \times 8$

Produit 1132992.

La partie décadaire 1132 résulte de l'addition de 1124 avec le complément 8 du cofacteur; le reste du produit s'obtient par la multiplication de 124 par 8.

3.ᵉ Exemple.

On demande le produit de 117 par 108.

C 17.   Ɔ 8.

$117 \times 108 = 12500$

$\underline{136} = 8 \times 17$

Produit 12636.

La partie décadaire est formée par l'addition de 8 à 117, ou de 17 à 108; elle est 125 : le produit complémentaire est obtenu par l'effectuation du produit 8×17 ou 136. Ici le produit complémentaire étant plus grand que le complémentateur d'une centaine, la partie décadaire a été augmentée d'une unité et a donné 126.

Il se présente maintenant le cas où l'un des facteurs est complément en dehors et l'autre en dedans, c'est-à-dire, celui où l'un des complémens est positif et l'autre négatif; la partie décadaire sera alors la somme du complément inverse ou négatif et du cofacteur, ou bien la différence entre le complément direct ou positif et le cofacteur. Il faudra ensuite supposer par la pensée autant de zéros à la suite de la partie décadaire qu'il y en a dans le complémentateur, et retrancher du nombre ainsi formé le produit des deux complémens.

On peut encore opérer en retranchant de la partie décadaire le complément du produit, et l'on obtient le même résultat; l'opération se dispose ainsi :

1.er Exemple.

Soit donné à multiplier 108 par 93.

$\supset$ 8. C 7.

$$108 \times 93 = 101$$
$$- 56 = 8 \times 7$$

Produit 10044.

En effet, j'ajoute 8 à 93, ou je retranche 7 de 108, j'ai 101; je suppose à la suite deux

zéros, et de ce nombre je retranche le produit
56 des deux complémens 7 et 8.

J'aurais pu encore ôter 1 de la partie décadaire et juxta-poser 44, complément du produit des complémens $7 \times 8 = 56$. Voici
encore quelques exemples.

2.ᵉ Exemple.

Effectuer le produit de 974×1031.

C 26. ⊃ 31.

$974 \times 1031 = 1005$

$- 806$

Produit 1004194.

J'ai obtenu la partie décadaire 1005 en ajoutant 31 à 974, ou en retranchant 26 de 1031.
Le produit des complémens qui sont de nature différente est 806; je le retranche; j'ai
1004194 pour produit; 194 est le complément de 806 sur 1000.

3.ᵉ Exemple.

On a 979 à multiplier par 1037 : nous
nous contentons de figurer l'opération, les
procédés étant les mêmes que ceux décrits
précédemment.

C 21. ⊃ 37.

$$979 \times 1037 = 1016000$$
$$- 777$$

Produit 1015223.

Nous allons maintenant examiner le cas où les deux facteurs paraîtraient ne pas pouvoir se complémenter sur une même puissance de 10; voici la règle à suivre pour ce cas : il faudra, par la pensée, supposer à la droite du plus petit des deux facteurs un nombre suffisant de zéros, pour que ce plus petit facteur ait autant de chiffres que l'autre; opérer comme à l'ordinaire, et ne pas tenir compte des zéros contenus dans le produit des complémens.

1.er Exemple.

Multiplier 96 par 978. J'opère ainsi d'après ma règle :

C 40.   C 22.

$$960 \times 978 = 938\ldots$$
$$880 = 40 \times 22$$

Produit 93888ø.

Le produit est 93888, en ne tenant pas compte du zéro.

2.ᵉ Exemple.

978×99987 ; j'écris :

C 2200.   C 13.

$97800 \times 99987 = 97787\ldots$

28600

___

Le produit sans zéros est 97787286 (1).

3.ᵉ Exemple.

On propose de multiplier 932 par 91.

Je figure ainsi mon opération, en mettant un zéro à la suite de 91 :

C 68.   C 90.

$932 \times 910 = 842000$

$6120 = 68 \times 90$

___

Produit 848120.

Je retranche 90 de 932 ; le reste 842 est la partie décadaire. Je forme le produit complémentaire de 68 par 90, égal à 6120, que j'écris sous la partie décadaire en dépassant de trois rangs.

___

(1) On voit bien ici quel est l'usage des zéros, et que leurs fonctions se bornent à marquer les rangs qui manquent ; on ne met ici des zéros à la suite du complément que pour marquer sur quels chiffres doivent se faire les soustractions complémentaires.

4.ᵉ Exemple.

On veut multiplier 874 par 94.

C 126.   C 60.

$$874 \times 940 = 814000$$
$$7560 = 126 \times 6$$
$$\overline{82156\emptyset.}$$

La partie décadaire est obtenue en soustrayant 60 de 874; elle est 814. Le produit complémentaire est 7560; le produit total est donc 82156, en effaçant le zéro.

5.ᵉ Exemple.

Proposons-nous d'obtenir le produit de 994 par 81.

C 6.   C 190.

$$994 \times 81 = 814, \text{ partie décadaire.}$$
$$1140, \text{ produit complémentaire.}$$
$$\overline{81514\emptyset.}$$

6.ᵉ et dernier Exemple.

Soit 1117 qu'il faille multiplier par 109.

Ɔ 117.   Ɔ 90.

$$1117 \times 1090 = 1207000, \text{ partie décadaire.}$$
$$1053 \text{ , produit complément.}^{\text{re}}$$
$$\overline{1217530\emptyset.}$$

III.ᵉ SECTION.

Multiplication par les complémens des sous-multiples des puissances de 10.

On s'apercevra facilement que cette méthode ne peut jamais être plus compliquée que celle des nombres eux-mêmes, et qu'elle s'étendra à tous les cas où la multiplication des complémens sera à préférer à celle des facteurs. Mais elle ne se borne pas aux nombres voisins des puissances de 10 : on peut encore l'étendre à tous les cas très-nombreux des sous-multiples des différentes puissances de 10 ; nous pourrons donc l'appliquer aux facteurs qui approchent de

$$\frac{10 \text{ ou } 5.}{2} \quad \frac{100 \text{ ou } 50.}{2} \quad \frac{1000 \text{ ou } 500 \&c.}{2}$$

Pour cela, il faut, après avoir, comme dans les exemples précédens, pris le complément, tant positivement que négativement, sur 50, 500, 5000, &c., former la partie décadaire; mais comme elle sera deux fois trop grande, on en prendra la moitié et on juxta-posera le produit des complémens : nous en citerons plusieurs exemples pour chacun des cas.

Les deux complémens sont directs ou positifs, c'est-à-dire, au-dessus de 50, 500, 5000.

1.er Exemple.

C 50. 7. C 50. 3.

$$43 \quad \times \quad 47 = 20 \dots\dots\dots \text{ ou } \frac{40}{2}$$

$$21 = 7 \times 3$$

Produit 2021.

de 47 j'ôte 7, complément de 43 sur 50; le reste est 40 : j'en prends la moitié 20, qui forme la partie décadaire ; je juxta-pose le produit $21 = 3 \times 7$.

2.e Exemple.

C 500. 12. C 500. 11.

$$488 \quad \times \quad 489 = 2385 = \quad \frac{477}{2}$$

$$132 = 12 \times 11$$

Produit 238632.

La partie décadaire est de 2385 (1); elle se

(1) En prenant la moitié de 477, différence entre 488 et 11, ou entre 489 et 12, on obtient 238, et il reste 1 dont il faut prendre la moitié ; mais en observant que cette unité représente une dixaine par rapport au chiffre suivant à droite, la moitié sera 5, qui devra occuper la place à la droite, immédiatement après le 8 du nombre 238 ; autrement, dans ce produit, le 5 doit représenter des centaines.

trouve de quatre chiffres, le produit 132 des complémens qui se trouve être de 3 chiffres doit lui être réuni, de manière à ce que le premier chiffre à gauche de ce produit se trouve sous le 5 de 2385.

3.ᵉ Exemple.

On veut avoir le produit de 4948 par 4896, je figure ainsi l'opération :

C 5000. 52. C 5000. 104.

$$4948 \quad \times \quad 4896 = 4844 = 2422 \text{ partie déc.}$$

$$2 \qquad 5408$$

Produit 24225408.

En retranchant 104 de 4948 reste 4844 : la moitié 2422 est la partie décadaire ; le produit complémentaire suit la règle, et est formé par $52 \times 104 = 5408$.

IV.ᵉ SECTION.

Complémens pris sur des fractions de 10 et de ses puissances, dans le cas des complémens directs et dans le cas des complémens inverses.

Si les deux complémens étaient pris au-dessus de 50, 500, 5000, &c., ou négatifs, il faudrait les ajouter ; et prendre pour partie décadaire la demi-somme au lieu de la demi-différence.

1.er *Exemple.*

Ɔ 9. Ɔ 3.

59 × 53 = 31 partie décadaire.

27 produit complémentaire.

———

3127 produit total.

J'ajoute le complément 3 à 59 : la somme 62 étant le double de la partie décadaire, sa moitié 31 l'exprimera ; juxta-posant le produit 27 des complémens, j'ai 3127.

2.e *Exemple.*

Ɔ 27. Ɔ 5.009.

527 × 509 = 268243.

Ajoutant 9 à 527 et prenant la moitié de 536, j'ai 268 pour partie décadaire : le produit 9 × 27 = 243 est celui des complémens ; je le juxta-pose.

Si l'un des complémens était au-dessus de 50, 500, 5000 et l'autre au-dessous, il faudrait ou ajouter le complément inverse ou retrancher le complément direct, et la somme ou la différence serait double de la partie décadaire. Pour avoir les autres chiffres du produit, on retranchera le produit des complémens.

1.ᵉʳ Exemple.

Ɔ 18.   C 16.

$518 \times 484 = 251000$

$- 288$

Produit 250712.

Ajoutant 18 à 484 ou retranchant 16 de 518, j'ai 502, dont la moitié est 251 : c'est ma partie décadaire complémentée sur 500 ou $\frac{1000}{2}$; il faudra retrancher le produit 16 par 18 ; on peut encore juxta-poser le complément de 288 (1) à côté de 250, c'est-à-dire, de 251 diminué de 1.

2.ᵉ Exemple.

Soit encore proposé 489 à multiplier par 523.

Il faut ajouter le complément inverse 23 à 489, et j'ai 512 ; prenant la moitié, j'ai 256 ; je n'écris pour partie décadaire que 255 : retranchant de l'unité omise qui représente des mille, 253, mon produit sera 255747. Voici l'opération figurée.

_____

(1) Ce complément est pris sur mille.

꩜ 23. C 11.

$$523 \times 489 = 256000 \text{ ou } \frac{512}{2}$$

$$- 253$$

255747 produit total.

Pour opérer sur 25 par complément, il faudra agir comme dans les exemples précédens, en prenant le quart au lieu de la moitié. Pour 75 , on complémenterait de même encore en prenant les $3/4$.

1.er Exemple.

C 25. 2. C 25. 6.

$$23 \times 19 = 425 \text{ ou } \frac{1700}{4} \text{ partie décad.}$$

12 produit complément.re

437 produit.

Je retranche 2 de 19 ou 6 de 23 ; je prends le quart qui donne 425 ; je juxta-pose 12, produit des complémens ; j'ai 437.

2.e Exemple.

꩜ 4. ꩜ 6.

$$\text{De même } 29 \times 31 = 875 \text{ ou } \frac{3500}{4}$$

$$24 = 6 \times 4$$

899.

3.ᵉ Exemple.

Ɔ 4. C 4.

$$29 \times 21 = 625$$
$$- 16$$
$$\overline{609.}$$

4.ᵉ Exemple.

Ɔ 9. Ɔ 7.

$$34 \times 32 = 1025$$
$$63$$
$$\overline{1088.}$$

Exemple sur 75.

C 7. C 8.

$$68 \times 67 = 4556.$$

Retranchant 7 de 67, on a 60, dont les $\frac{3}{4}$ font la partie décadaire, et je juxta-pose 56. Voici le figuré de l'opération :

C 75. 7. C 75. 8.

$$68 \quad \times \quad 67 = 4500 \text{ où } 60 \times \frac{3}{4}$$
$$56 \text{ produit complémentaire.}$$
$$\overline{4556} \text{ produit total.}$$

En général, on peut, au lieu de complémenter sur la moitié et sur le quart des puissances de

dix, prendre toute autre fraction de ces puissances, et opérer sur

> le $^1/_3$ ou 3333 &c., approximativement;
> le $^1/_6$ ou 16666;
> le $^1/_9$ ou 11111;
> les $7/_9$ ou 777;

en ayant soin de ne prendre dans le développement qu'un nombre de chiffres égal au
degré de la puissance de 10; mais on n'opère
alors qu'approximativement.

On peut complémenter sur des multiples
de dix qui ne soient pas multiples de ses
puissances.

Ce procédé de simplification pourra être
très-expéditif, lorsqu'il sera employé par un
calculateur exercé.

1.ᵉʳ Exemple.

$$\supset 70. \quad 3. \supset 70. \quad 7.$$
$$73 \quad \times \quad 77.$$

J'ajoute 7 à 73, et j'ai 80; multipliant 80
par 70 ou 7×8, j'ai 56, que je fais suivre de
deux zéros; j'ai pour partie décadaire 5600:
le produit des complémens est 3 × 7 = 21;
j'ai 5621.

3

2.ᵉ *Exemple.*

$$\supset 30.\ 7.\ \supset 30.\ 9.$$
$$37 \quad \times \quad 39.$$

J'ajoute 37 à 9 ; et multipliant cette somme par 30, complémentateur, j'ai 46×30, qui me donnent 138 ; j'ajoute 63, et j'ai 1443.

3.ᵉ *Exemple.*

$$\supset 60.\ 7.\ \supset 60.\ 8.$$
$$67 \quad \times \quad 68.$$

Je multiplie la somme 75 par 60, complémentateur pour 60, et j'ai 450 suivi d'un zéro ; en y ajoutant 56 ou 7×8, on a le produit 4556.

4.ᵉ *Exemple.*

On veut multiplier 797 par 87 ; je retranche 30 de 797, reste 767, que je multiplie par 90, complémentateur de 87 ; j'ai pour partie décadaire 69030 : je forme le produit complémentaire en complémentant 797 sur 900, et 87 sur 90 ; j'ai $103 \times 3 = 309$; mon produit total est 69339. Voici le figuré de l'opération :

C. 900. 103. C. 90. 3.

$$797 \quad \times \quad 87 = 69030 = 767 \times 90.$$
$$309 = 103 \times 3 \,\text{pr. compl.}^{\text{re}}$$

Produit 69339.

5.ᵉ Exemple.

On a 853 et 86 pour facteurs.

C 900. 47. C 90. 4.

$$853 \quad \times \quad 86 = 73170 = 813 \times 90$$
$$188 = \quad 47 \times 41$$

Produit 73358.

Il nous faut encore discuter le cas où l'un des facteurs doit être complémenté sur une puissance de dix, et l'autre sur un sous-multiple.

Cette multiplication, et c'est un phénomène remarquable, se fait par l'action simple des complémens l'un sur l'autre. Le produit complémentaire est le même, soit que l'on complémente sur la puissance de dix ou sur ses parties aliquotes.

Nous allons parcourir les divers cas, en y appliquant des exemples propres à faire ressortir les avantages des méthodes complémentaires.

1.ᵉʳ L'un des facteurs se complémente sur une puissance de dix, l'autre sur la moitié 5, 50, 500, &c.

Dans cette première hypothèse, retranchez du facteur complémenté sur 50, 500, &c.,

3 *

la moitié du complément de la puissance, **et** vous aurez la partie décadaire ; ensuite juxtaposez le produit complémentaire.

1.ᵉʳ Exemple.

On veut multiplier 972 par 495. Je figure ainsi l'opération :

C 10000. 28. C 500. 5.

$$972 \quad \times \quad 495 = 481 \text{ partie décadaire.}$$

$$140 \Big\} \begin{matrix} \text{prod. compl.}^{\text{re}} \\ \text{de } 5 \times 28. \end{matrix}$$

$$\overline{481140.}$$

Je prends la moitié du complément de 972, qui est 14 ; je la retranche de 495, il reste 481, qui est ma partie décadaire ; je juxta-pose 140, produit des complémens 28 et 5.

2.ᵉ Exemple.

On demande le produit de 97 par 46. Voici l'opération figurée :

C 3. C 50. 4.

$$97 \quad \times \quad 46 = 4450 \text{ partie décadaire.}$$

$$12 \text{ produit complémentaire.}$$

$$\overline{4462.}$$

De 46 suivi de deux zéros j'ôte 150, mon reste 4450 est la partie décadaire : je fais le produit complémentaire 3×4; le produit total est 4462.

2.ᵉ cas. L'un des facteurs se complémente sur 100 et l'autre sur le quart d'une puissance 25, 280, &c.

Prenez le quart du complément de la puissance de dix, et retranchez-le du facteur complémenté sur 25, 250, &c.

On demande le produit de 92 par 21. Voici l'opération :

C 8. C 25. 4.

92 × 21 = 19 partie décadaire.

32 produit complémentaire.

1932 produit total.

Pour avoir la partie décadaire de 21, j'ai retranché 2, qui est le quart du complément 8, et j'ai eu 19. J'ai juxta-posé le produit 8×4 des complémens.

Il est aisé de voir que lorsqu'un des facteurs approche de la huitième partie d'une puissance de dix, il faudra prendre le huitième du complément du cofacteur et opérer comme ci-dessus.

Exemple.

Soit proposé de multiplier 984 par 137.

C 1000. 16. ꓷ 125. 12.

984 × 137 = 134
808

Produit 134808.

Je complémente le premier facteur 984
sur 1000, et le deuxième 137 sur 125, huitième de 1000; de 137 j'ôte 2, huitième du
complément de 984, et j'ai 135 pour partie
décadaire; comme les complémens sont l'un
positif et l'autre négatif, j'aurai 134 ou
135 — 1; je juxta-pose 808, complément de
16 × 12 = 192 sur 1000, et mon produit
sera 134808.

IV.ᵉ SECTION.

*Remarques sur la généralité de la méthode
complémentaire et sur ses applications.*

Le mécanisme de l'action complémentaire
est bien simple; tâchons d'en saisir l'esprit.

Si le cofacteur d'un nombre était la base,
il faudrait, pour avoir le produit, laisser le
nombre tel qu'il est, et ajouter zéro; ainsi,

7, multiplié par 10, donne 70, car, en multipliant par 10, par 100, c'est multiplier par
l'unité, et il ne faut plus qu'ajouter autant
de zéros que le marque le rang de la puissance pour en faire des dixaines, des centaines,
des mille; suivant que l'unité de la base représente des dixaines, des centaines.

Quand le cofacteur d'un nombre n'est pas
une puissance exacte de dix, mais une puissance affectée d'un complément, il doit y avoir
dans la conversion du premier facteur en produit une double action, celle de la puissance et
celle du complément; celle de la puissance,
mettez à la droite de votre nombre autant de
zéros que l'indique le degré de la puissance
de dix, vous aurez produit l'action de la base
sur le facteur. Quant au complément, ajoutez-
le au produit, ou retranchez-le du produit de
la même manière qu'il le faut ajouter ou retrancher pour que le facteur devienne la base,
et vous aurez effectué sur le facteur une action
complémentaire, qui aura transformé ce facteur en la partie décadaire de votre produit :
pour avoir l'action des complémens l'un sur
l'autre, il faut les multiplier l'un par l'autre.

Pour faire ressortir davantage nos principes,

(40)

soutenons-les d'un exemple : je veux multiplier
97 par 98 ; si c'était par 100, j'aurais évidemment 9700, mais ce produit est trop fort ; de
combien l'est-il ! de 2 × 97 ; ainsi, en ôtant 2
de 97, ou autant d'unités qu'il en manquait à
98, j'ôte 200 ou un nombre trop grand ; de
combien est-il trop grand ! de 2 × 3, parce que
97 = 100 — 3 ; ainsi il faut augmenter mon
facteur modifié, de 6, qui est le produit des
complémens.

On peut donc conclure de ce raisonnement, 1.° que, pour avoir la partie décadaire,
il faut, sur l'un des deux facteurs, agir comme
le facteur agit sur le complémentateur ;

2.° Qu'il faut augmenter ce nombre,
suivi d'autant de zéros que le marque la
puissance de dix, du produit des complémens.

Si les deux facteurs étaient supérieurs à
une puissance de dix, il faudrait raisonner de
même. Soient donnés les nombres 13 et 14
dont on veut le produit ; on voit qu'il s'agit
de multiplier 10 + 3 par 10 + 4.

1.° On devra donc prendre 10 + 3 comme
dixaines ou multiplier par 10. Le produit de
10 par 4 viendra s'y joindre ; ce sera donc

10 + 3 + 4 qu'on devra considérer comme
dixaines.

2.° Il faudra y ajouter le produit des complémens 3×4.

La partie décadaire s'obtient plus facilement encore en ajoutant les deux nombres et
en ôtant le complémentateur. Dans les deux
hypothèses ci-dessus, on peut raisonner
ainsi :

$97 \times 98 = (100 - 3) \times (100 - 2)$. Si au
lieu d'ôter 2 de 100 — 3 qui me donnera 95
pour partie décadaire, j'ajoutais 100 — 2, je
devrais, pour rétablir l'équilibre, diminuer ma
somme de cent; donc il faudrait, en ajoutant
les facteurs, ôter une centaine.

Si, dans le deuxième exemple, j'ajoute 13
et 14 au lieu d'ajouter 4 avec 13, on voit
encore que je dois diminuer la somme de 10
ou du complémentateur, si je veux revenir
au premier résultat 17.

On s'aperçoit donc que la méthode complémentaire a l'avantage de nous présenter le
produit comme une fonction de la somme des
facteurs, et de nous y conduire ou par l'addition ou par la soustraction, suivant que l'action
du cofacteur l'indique; il ne faut plus que faire

le produit des deux derniers complémens (1).

Cette évaluation successive des sommes des facteurs et des complémens offre une série d'approximations du produit, jusqu'à ce qu'on y soit parvenu. Pour rendre ceci encore plus sensible, proposons-nous un exemple; qu'il s'agisse d'avoir le produit de 913 et 929 : j'ajoute les facteurs, j'ai 1842 ; j'ôte le complémentateur, et j'ai 842000 pour première évaluation ou pour partie décadaire. Je dois former le produit complémentaire 87 × 71 ; je les ajoute ensemble, ils me donnent 158 ; j'ôte le complémentateur 100, et 5800 vient augmenter mon produit : si je veux maintenant effectuer le produit de 29 par 13 , j'ajoute les deux nombres ensemble, et j'ai 42 ; retranchant 10, j'ai 32 ; je fais le produit 19 par 3 = 57, mon produit sera :

929 + 913 somme des facteurs ôtant
1000. . . . . 842000.

71 + 87 somme des complémens
moins 100. . . . .   5800.

13 + 29 somme des complémens in-
verses moins 10. . . . .   32.

Produit de.   19 × 3.

T O T A L. . . . .   848177.

_____

(1) On pourrait même amener les approximations à

On voit que 1 5 8 est le complément de
842 ; de même $42 = 29 + 13$ est le complément de 5 8 : donc la simple réunion des
facteurs et de leurs complémens eût donné le
produit.

Si l'on veut réfléchir sur la formation de
la partie décadaire et l'action du produit complémentaire, on conclura que l'action de la
partie décadaire dépend de la simple addition
des facteurs, moins le complémentateur ;
qu'ainsi sa formation dépend du choix du
complémentateur ; que le produit s'ajoute, si
les deux complémens sont à-la-fois directs ou
inverses, et qu'il se retranche, si l'un est
positif et l'autre négatif. On en conclura les
procédés de la méthode suivante : ajoutez les
deux facteurs, retranchez 1 0, 1 0 0, 1 0 0 0,
suivant qu'une de ces puissances vous aura
servi de complémentateur, et ajoutez le produit des deux complémens, s'ils sont à-la-fois
positifs ou négatifs ; si l'un est positif et l'autre

---

multiplier par l'unité qui a pour complément zéro, comme
étant une puissance de 1 0, et même plus généralement de
toutes les bases. On peut conclure de là, $b \times 1$ est égal à b ;
car il n'y a ni action complémentaire pour former la partie
décadaire, ni produit des complémens.

négatif, le produit des complémens doit être retranché.

On s'est trop effrayé sur la substitution des complémens aux nombres pour obtenir le produit. D'abord, comme on peut varier le complémentateur, en prenant les différences au terme le plus voisin du facteur sur lequel on veut opérer ; comme la facilité croît d'autant plus que la différence est plus petite, on pourra toujours se rendre maître de l'action qui amène le produit et en adoucir le mouvement.

Si, au lieu de complémenter sur 10 et ses puissances, on voulait complémenter sur une base quelconque, on aurait des résultats analogues. Par exemple, je veux avoir le produit de 7 par 6 en neuvaines. Je figure ainsi l'opération :

C 9. 2. C 9. 3.

$$7 \quad \times \quad 6 = 4 \times 9 = 36 \text{ partie nonaire.}$$
$$2 \times 3 \quad \underline{\quad 6} \text{ produit compl.}$$
$$42.$$

De 7 j'ôte le complément nonaire 3, il reste 4, qui me dit que j'aurai quatre neuvaines ; j'ajoute à 36 le produit complémentaire 2×3, ou 6, et j'ai pour produit total 42.

PREUVES DE LA MULTIPLICATION.

L'arithmétique usuelle entend par preuve d'une opération un moyen d'éprouver si l'on a bien suivi les procédés de la méthode, et s'il ne s'est pas glissé quelques erreurs dans l'expression du résultat.

Pour ne rien laisser à desirer à nos procédés d'arithmétique complémentaire, nous allons examiner les moyens d'épreuve ou de preuves qu'elle peut présenter.

Dans l'arithmétique usuelle, on indique ordinairement trois sortes de preuves, que les procédés particuliers à notre calcul peuvent aussi emprunter. Nous allons les exposer, et ensuite nous en indiquerons une quatrième plus directe.

1.re PREUVE, PAR LA MULTIPLICATION.

On prendra un multiple d'un facteur et le sous-multiple correspondant de l'autre facteur, c'est-à-dire que l'on double, on triple, on quadruple, on multiplie le multiplicande, et que l'on prend la moitié, le tiers, le quart ou la partie relative du multiplicateur. L'opération sera bonne si le produit est le même dans les deux cas.

Exemple.

$348 \times 1756 = 611088$: j'effectue le produit de 348×2, par $\frac{1756}{2}$, ou 878×696; et comme je retrouve $878 \times 696 = 611088$, j'en conclus que la première multiplication est exacte.

On voit aisément que l'on peut tripler un facteur en prenant le tiers de l'autre, et ainsi de suite.

On comprend qu'en doublant le premier facteur on double le produit, parce que le produit est toujours en raison de ses facteurs ; en prenant la moitié de l'autre facteur, on divise le produit : le produit est donc à-la-fois multiplié et divisé par un même nombre; donc il reste le même. Les mêmes raisonnemens se peuvent faire pour $^1/_3$, $^1/_4$, &c.

2.ᵉ PREUVE, PAR LA DIVISION.

Elle est fondée sur ce principe, que le quotient multiplié par le diviseur donne le dividende ; donc, considérant le produit comme un dividende, je divise par l'un des deux facteurs ; et si j'obtiens l'autre facteur pour quotient, j'en conclus qu'il n'y a pas eu d'erreur dans mon calcul : car, par la division, je fais autant de soustractions du facteur qu'il y a d'unités dans le cofacteur; je décompose ce que j'avais composé par la multiplication.

Exemple.

En faisant la multiplication de 614 par 279, le produit a été de 171306; pour vérifier, j'effectue la division par 614; et comme elle me donne 279, j'en conclus l'exactitude de mon opération.

3.e PREUVE, PAR 9.

Pour la preuve par 9, on prend la somme des chiffres du multiplicande; les 9 étant ôtés, on écrit le reste, et l'on opère de même sur le multiplicateur; on écrit le reste, on fait le produit des deux restes, et l'on ôte les 9; le reste doit être égal au reste de la somme des chiffres du produit si l'on ôtait les 9.

Cette preuve est fondée sur ce que tout multiple de 9 donne 9 pour somme de chiffres. Démontrons cette première propriété. En effet, multiplier par 9 c'est multiplier par 10 — 1; on aura donc autant de dixaines au produit

qu'on aura retranché d'unités; donc la somme
des dixaines croîtra d'autant d'unités que les
unités diminueront; donc il y aura compen-
sation.

Cette proposition une fois saisie, on voit
qu'un nombre peut être décomposé en deux
parties, le multiple et le reste; donc le produit total aura quatre parties, dont les trois
premières seront multiples de 9, et donneront
9 pour somme des chiffres; il n'y aura donc
à tenir compte que du produit des restes.

Exemple.

17 à multiplier par 14 : on fera 17 $=$
9 $+$ 8 et 14 $=$ 9 $+$ 5; le produit donnera
quatre parties, savoir :

$$9 \times 9 = 81.$$
$$9 \times 8 = 72.$$
$$9 \times 5 = 45.$$
$$8 \times 5 = 40.$$

TOTAL...... 238.

238 est le produit total; les trois premiers
produits donnent 9 pour somme de chiffres;
il n'y a donc à considérer que le produit de
8 $\times$ 5 ou le produit des deux restes, les 9 ôtés.

Exemple.

La multiplication de 727 par 652 a présenté pour produit 474004 : pour le vérifier, je prends la somme des chiffres du multiplicande 727, qui me donne $7 + 2 + 7 = 16$, ou 7 en ôtant 9 ; je l'écris 1 $\diagup\!\!\!\!\diagdown$ 1 au haut de ma croix de Saint-André : prenant la somme du second facteur, j'ai 4, que j'écris au bas de la croix ; en multipliant les deux facteurs 4×7, j'ai 28, dont ôtant les 9, j'ai 1 de reste ; le produit donne le même reste.

4.ᵉ PREUVE, À L'AIDE DES COMPLÉMENS.

Après avoir effectué la multiplication, je fais celle d'un des complémens par le cofacteur ; je vois si la somme des deux produits est égale à celle de 10 ou 100 &c. par l'autre facteur.

Je veux vérifier si $87 \times 84 = 7308$ est un produit exact : je multiplie 13 (1) par 84, j'ai 1092, qui, ajouté à 7308, forme 8400

_____
(1) Complément de 87.

$= 84 \times 100$, ou bien je multiplie 16 (1) par 87
$= 1392$, qui, ajouté à 7308, me reproduit
$8700 = 87 \times 100$.

DIVISION.

La division est une opération par laquelle,
un produit étant donné et un de ses facteurs,
on se propose de déterminer ou plutôt de retrouver l'autre facteur.

Le produit prend dans la division le nom
de *dividende* ; le facteur donné est appelé *diviseur* ; le facteur cherché, *quotient.*

La division, d'après cette définition, est
par conséquent l'opération inverse de la multiplication : c'est une soustraction du diviseur,
répétée autant de fois qu'il y a d'unités dans
le quotient. C'est sous ce double point de vue
que nous nous proposons de l'examiner ; nous
suivrons dans nos exemples le même ordre
que nous avons suivi dans la multiplication.

Nous donnerons ensuite plusieurs méthodes
très-expéditives, pour effectuer la division à
l'aide des complémens, indépendantes des
méthodes inverses de la multiplication : elles
sont tirées de considérations particulières, dues

-----

(1) Complément de 84.

à l'observation des formules algébriques qui ont représenté le produit obtenu par la complémentation. Les notes offriront des éclaircissemens.

PREMIÈRE SECTION,

Qui répond à la première section de la multiplication, où l'on opère par les complémens directs.

RÈGLE GÉNÉRALE.

« Séparez, sur la droite du dividende, autant
» de chiffres qu'il y a de zéros dans le com-
» plémentateur du diviseur ; la partie qui reste
» vers la gauche du dividende, augmentée du
» complément du diviseur, vous donnera le
» quotient présumé : pour savoir s'il n'est pas
» trop fort (car dans le cas que nous exa-
» minons il ne peut jamais être trop faible),
» vous en multiplierez le complément par
» celui du diviseur ; si le produit est égal ou
» moindre que la partie séparée vers la droite
» du dividende, le quotient est bon. Dans le
» cas contraire, vous retrancherez de ce pro-
» duit la partie de droite du dividende ; vous
» diviserez ensuite cette différence par le di-

4*

» viseur, en prenant toujours le quotient au-
» dessus quand il n'est pas exact; et le retran-
» chant du quotient présumé, vous aurez le
» véritable quotient (1). »

Lorsque le complément du diviseur est direct, séparez dans le dividende, par un trait vertical, autant de chiffres que le complémentateur a de zéros à sa suite ; ajoutez à la partie séparée le complément du diviseur, et l'on aura le quotient présumé : vous faites le produit des complémens du diviseur et du quotient; et si ce produit complémentaire ne surpasse pas les chiffres séparés à droite, le quotient est bon.

1.ᵉʳ Exemple.

Diviser 8633 par 89.

Opération.

$$
\begin{array}{c|c}
 & 11 \\
86\,|\,33 & 89 \\
11 & \\
\end{array}
$$

97 quotient exact.

C 3 × 11 = 33.

Reste 0.

---

(1) Cette règle est générale; elle se modifie seulement dans le cas où les complémens changent d'espèces, c'est-à-

Je sépare deux chiffres vers la droite du dividende , puisque le diviseur se complémente sur 100. J'ajoute à 86 le complément 11 du diviseur, et j'ai pour quotient présumé 97. Pour le vérifier, je multiplie son complément 3 par 11 , celui de 89 ; le produit 33 étant égal à la partie séparée à la droite du dividende, le quotient 97 est exact. J'opérerai de la même manière sur les exemples suivans.

2.ᵉ Exemple.

Diviser 943162 par 997.

Opération.

$$943 \mid 162 \qquad \begin{array}{|l} C \ 3. \\ 997 \end{array}$$

$$\underline{\quad 3 \mid \quad}$$

946 quotient exact.

C 54 × 3 $=$ 162.

Reste o.

3.ᵉ Exemple.

Diviser 9852150 7 par 9989.

---

dire, de directs deviennent inverses. Les différens exemples que nous examinerons, feront suffisamment apercevoir les légères modifications qu'on aura à faire subir à la règle. (Pour sa démonstration, *voyez les notes.*)

Opération.

$$\begin{array}{c|c} 9852 & 1507 \\ 11 & \end{array} \qquad \begin{array}{c} \text{C } 11. \\ \hline 9989 \end{array}$$

9863 quotient exact.

C 137 × 11 = 1507.

Reste 0.

4.ᵉ Exemple.

Diviser 480102 par 994.

Opération.

$$\begin{array}{c|c} 480 & 102 \\ 6 & \end{array} \qquad \begin{array}{c} \text{C } 6. \\ \hline 994 \end{array}$$

$$486 - 3 = 483$$

$$\text{C } 514 \times 6 = 3084 \, \big\}$$
$$102 \, \big\}$$

$$2\big| 982 \big| = 3 \times 994.$$

Dans cet exemple, le produit 3084 des complémens étant plus grand que 102, j'en retranche 102, et le reste 2982 contenant 994 trois fois exactement, je retranche 3 de 486, et j'ai 483 pour quotient exact (1).

---

(1) On peut remarquer dans cet exemple combien le nouveau système a plus d'avantage que l'ancien procédé : d'abord on a de suite tous les chiffres du quotient pré-

5.ᵉ *Exemple.*

Diviser 532845 par 989.

Opération.

$$
\begin{array}{c|c}
& \text{C } 11. \\
532|845 & 989 \\
11| &
\end{array}
$$

$$543 - 5 = 538 \text{ quotient.}$$

$$\text{C } 457 \times 11 = 5027 \;\}$$
$$845 \;\}$$

$$
\begin{array}{c|c}
4|182 & 989 \\
989 \times 5 = 4|945 - 4182 = 763.
\end{array}
$$

Reste... 763.

Comme je complémente sur mille, je sépare d'abord 3 chiffres par un trait vertical ; à 532, ma partie décadaire, j'ajoute 11, qui est le complément du diviseur ; cela me donne 543 pour quotient présumé. Pour l'éprouver, je multiplie le complément de 543 ou 457 par 11, qui me donne 5027 > 845. Je divise le

___

sumé ; ensuite, si ce quotient est trop fort, ce que le produit complémentaire du complément du diviseur par celui du quotient nous montre, on voit de combien d'unités ce quotient est trop fort. Ici le complémentateur étant mille, comme le produit de 514 par 6 a donné 3084 > 102 de 2982, on a pu conclure que le quotient était trop grand de trois unités. Cette observation se reproduira plusieurs fois.

reste 4182 par 989 ; le quotient est entre 4 et 5 : je prends 5, que je soustrais de 543, j'ai pour quotient 538 ; je multiplie 989 par 5, j'ai pour produit 4945, d'où retranchant 4182, j'ai pour reste de ma division 763.

On voit que le principal avantage de cette forme de division est de donner à-la-fois tous les chiffres du quotient, et en outre, lorsque d'après le quotient présumé on fait le produit complémentaire, d'être averti de combien d'unités le quotient présumé se trouve trop fort. Ici le produit de 457×11 a donné $5027 > 845$ de plus de 4 unités ; j'ai donc dû diminuer mon quotient de 5 unités.

6.e *Exemple.*

Diviser 87843 par 89.

Opération.

$$878 | 43 \qquad C \ 11.$$
$$11 \qquad\qquad 89$$

$$988 - 1 = 987$$
$$C \ 12 \times 11 = 132$$
$$43$$
$$89 | 89$$

Reste....... 0 1 fois.

Dans cet exemple, 89 se complémente sur
100 et 878 sur 1000 : pour la preuve, je
suppose que 89 se complémente aussi sur
1000, en lui supposant un zéro vers la droite ;
alors le complément, au lieu d'être 11, serait
110, et le 11 se placerait, comme on le voit
dans l'opération, sous 87. Dans tous les
exemples qui présenteront des circonstances
semblables, il faudra opérer de la même manière (1).

La portion qui devait représenter le produit complémentaire n'était que 43, et le
produit de 11 par 12 a donné 132 > 43 ;
donc le quotient devait être diminué d'une
unité.

---

(1) On proposera, outre ces méthodes directes, des
méthodes particulières : toutes auront l'avantage de donner,
par une seule opération, tous les chiffres du quotient présumé ; mais ce quotient devra être soumis à une épreuve,
et cette épreuve jouit de la propriété d'indiquer de combien
le quotient est trop grand. On doit s'apercevoir que cela
tient à ce que, dans la méthode complémentaire, l'action
de la division est absolument inverse de la multiplication ;
au lieu que, dans l'ancienne, il n'y avait aucun lien entre
les deux opérations de la multiplication et de la division.

(58)

7.ᵉ Exemple.

Diviser 845326 par 988.

Opération.

$$845|326 \quad \bigg| \quad \begin{array}{c} \text{C } 12. \\ 988 \end{array}$$
$$12$$
$$\overline{}$$
$$857 - 2 = 855$$

C 143.

(1) $143 \times 12 = 1716$ \Big\} 326
$$326$$

(2) $\quad 1|390 \quad | \quad 988$
$$1|976$$
$$\overline{}$$

Reste 586.

Quotient, $857 - 2 = 855$

Reste 586.

8.ᵉ Exemple.

Diviser 883163 par 993.

────────────────────────────

(1) Le produit de $143 \times 12 = 1716$ est plus grand que 326, reste que la division par mille avait laissé; donc j'ai dû diminuer mon quotient de deux unités supérieures.

(2 Le quotient de 1390 par 988 est entre 1 et 2 : je prends toujours le nombre au-dessus du quotient; ici c'est 2; je double 988, j'obtiens pour produit 1976; d'où en retranchant 1380, j'ai pour reste de ma division 586.

Opération.

$$
\begin{array}{c|c}
883 & 163 \\
7 &
\end{array}
\qquad
\begin{array}{|c}
C \quad 9. \\
993
\end{array}
$$

$890 - 1 = 889$ quotient.

C 110.

$110 \times 7 = 770 \atop \qquad\quad 163 \Big\}\ 163$

$1 - \cancel{0}\ \boxed{607}$

993
——
386 reste.

II.ᵉ SECTION,

Qui répond à la seconde section de la multipli-
cation, où les complémens sont inverses ou
négatifs.

RÈGLE.

« Séparez vers la droite du dividende
» autant de chiffres qu'il y a de zéros dans
» le complémentateur du diviseur ; retran-
» chez ensuite de la partie décadaire le com-
» plément du diviseur, et vous aurez le
» quotient présumé. Du reste, opérez comme
» dans la règle précédente. »

1.ᵉʳ Exemple.

Diviser 11663 par 109.

Opération.

$$
\begin{array}{r|l}
 & \supset 9. \\
116 \,|\, 63 & 109 \\
\;-9 & \\
\end{array}
$$

107 quotient exact.

$\supset$ 7.

$7 \times 9 = 63$

Reste 0.

2.ᵉ Exemple.

Diviser 1132992 par 1124.

Opération.

$$
\begin{array}{r|l}
 & \supset 124. \\
1132 \,|\, 992 & 1124 \\
124 \,| & \\
\end{array}
$$

1008 quotient exact.

$\supset$ 8.

$8 \times 124 = 992$

Reste 0.

Dans ces deux exemples, le produit du complément du quotient présumé par le complément du diviseur, a donné pour produit complémentaire la portion séparée à gauche de la verticale. On va voir figurer, dans les exemples suivans, des quotiens présumés qui seront trop grands ; et alors la multiplication des deux complémens donnera un plus grand produit que ne le marquent les chiffres séparés à droite.

3.ᵉ Exemple.

Diviser 1169219 par 1157.

Opération.

$$\begin{array}{c|c} & \circlearrowright\ 157 \\ 1169|219 & 1157 \\ 157| & \end{array}$$

$$1012 - 2 = 1010 \text{ quotient.}$$
$$\circlearrowright\ 12 \times 157 = 1884 \ \}$$
$$219 \ \}$$

$$\begin{array}{c|c} 1\ \emptyset\ |665 & 1157 \\ 2\ 314 - 1665 & \end{array}$$

Reste 649.

4.ᵉ Exemple.

On se propose d'obtenir le quotient de 119647 divisé par 109. Je figure ainsi mon opération :

$$\begin{array}{r|l|l}
& & \text{⊃ 9.} \\
1196 & 47 & \text{109} \\
9 & & \\
\hline
\end{array}$$

Quotient présumé.   1106   —10   1106—9=1097 { quot.^{et} exact.

1.er produit complémentaire...... 954
Retranchant..... 47
        907
2.° produit complé-
mentaire 97 × 9 = 873
Retranché de.... 947
Reste...... 74.

Je suis les procédés ordinaires ; et comme, en formant le produit complémentaire comparé avec le reste 47, il est plus grand que 900, j'en conclus que le quotient présumé 1106 est trop grand d'au moins 9 : alors je retranche 9 de 1106 ; le quotient 1097 sera le quotient exact ; car le produit complémentaire 97 × 9 = 873 peut être retranché de 947.

Nous allons maintenant opérer sur des exemples qui nous offriront tous les cas *directs* et *inverses* que nous avons donnés dans la multiplication. Nous observerons généralement que la règle qui a été donnée dans la 1.re section, relative à la division, s'applique à tous les cas, en observant de changer les additions en soustractions, et réciproquement, suivant la nature des complémens.

1.er Exemple.

Diviser 776 par 8.

Opération.

C 2.

$$77\vert^6 \qquad \boxed{8}$$
$$2$$

97 quotient exact.

C 3 × 2 = 6

Reste 0.

Ici je pose le complément de 8 sous les dixaines de la partie 77 , parce que 8 se complémente sur 10 et 77 sur 100, j'ai dû supposer 80 au lieu de 8 ; complémentant sur 100, j'aurais eu 20, ce qui naturellement place le 2, comme il l'est dans l'opération, sous les dixaines.

2.e Exemple.

Diviser 623 par 89.

Opération.

$$\qquad\qquad \vert\; 11$$
$$62\vert 30 \qquad \vert\; 89$$
$$11\vert$$

.7|3 3ø

Quotient 7

C 3ø × 11 = 33

Reste 0.

Dans cet exemple, le diviseur 89 est complémenté sur 100 ; et en séparant la partie
23 à la droite du diviseur, il me reste 6 , qui
se complémente sur 10. Pour la preuve, je
suppose alors assez de zéros vers la droite du
dividende pour que la partie séparée vers la
gauche se complémente sur la même puissance de 10 que le diviseur ; et quand j'ai
obtenu mon quotient présumé, je retranche
vers la droite autant de chiffres que j'ai sup-
posé de zéros, en ayant soin de poser à côté
de ces chiffres, les chiffres séparés à droite
du dividende. Les exemples suivans feront
suffisamment entendre cette règle.

On voit, et la suite confirmera de plus en
plus cette théorie, que l'action complémentaire
peut se produire sur une puissance quelconque de dix, sans changer le résultat : ainsi
on peut indifféremment complémenter sur 10,
100, 1000, pourvu que le complément qu'on
veut ou ajouter ou retrancher soit convenable-
ment placé. Par la suite, nous aurons encore
occasion de faire remarquer que, lorsque les
nombres ont les mêmes chiffres effectifs séparés par des zéros, les changemens peuvent
s'obtenir sans opération réelle.

3.ᵉ Exemple.

Diviser 79833 par 897.

Opération.

$$
\begin{array}{c|c}
 & \text{C } 103. \\
798\,|\,33\cancel{0} & 897 \\
103\, | & \\
\hline
\end{array}
$$

$$90\,|\,133\cancel{0}$$

$$\text{C } 10 \times 103 = 1030 \,\Big)$$
$$\qquad\qquad\; 133 \,\Big\} \; 133$$

$$
\begin{array}{c|c}
 & \text{C } 103. \\
897\,|\,\cancel{0}\cancel{0}\cancel{0} & 897 \\
103\,| & \\
\hline
\end{array}
$$

$$1\,|\,000$$

$$90 - 1 = 89 \text{ quotient exact.}$$

Dans cet exemple, le produit 1030 des
complémens étant plus fort que 133, je retranche 133 de 1030, et je divise la différence
897 par le diviseur 897, comme il a été dit
dans la première règle de la division. Le quotient 1, étant retranché de 90, donne le quotient exact 89.

4.ᵉ Exemple.

Diviser 63876 par 991.

5

Opération.

$$638 \,|\, 76\emptyset \qquad\qquad \begin{array}{c} \text{C } 9. \\ 991 \end{array}$$
$$9\,|$$

Quotient 64|776
C 36 × 9 = 324

Reste   452.

5.ᵉ Exemple.

Diviser 10044 par 108.

Opération.

$$\begin{array}{c} 100 \,|\, 44 \\ -8\,| \end{array} \qquad\qquad \begin{array}{c} \text{Ɔ } 8. \\ 108 \end{array}$$

$$92$$
C 8 × 8 = 64
$$44 \quad \text{C } 8.$$

$$\begin{array}{c} 108 \,|\, 108 \\ -8 \end{array}$$

$$1\,|\,00$$

$$92 + 1 = 93 \text{ quotient exact.}$$

Ici le complément 8 du diviseur est inverse ou négatif; alors, au lieu de l'ajouter à
100, je le retranche, ce qui me donne 92
pour quotient présumé : son complément 8,

multiplié par celui du diviseur, donne 64 ;
en y ajoutant 44, j'obtiens 108, qui, contenant
le diviseur une fois exactement, m'apprend
qu'il faut augmenter le quotient présumé 92
de 1, ce qui donne pour quotient exact 93.
Le complément de 93 est 7, qui, multiplié
par 8, donne 56, dont le complément est
exactement 44.

6.ᵉ Exemple.

Diviser 14789 par 112.

Opération.

$$147|89 \qquad \supset 12.$$
$$\underline{-12} \qquad 112$$

$$135 - 3 = 132 \text{ quotient.}$$
$$\supset 35 \times 12 = 420$$
$$- 89 \qquad C \ 12.$$

$$33|1\emptyset \quad 112$$
$$\underline{-12}$$

$$2|11$$
$$3 \times 112 = 336$$
$$\underline{- 331}$$

$$\text{Reste} \quad 5.$$

Ici le complément 12 est inverse ; je le
retranche de 147 ; j'ai pour reste 135, dont

le complément sur 100 est inverse et égale 35. Le produit des deux complémens inverses 35 et 12 est 420; j'en retranche 89 (1), j'ai pour reste 331, que je divise par 112 : le quotient 2 est entre 2 et 3 ; je prends 3 , que je soustrais du quotient présumé 135 , ce qui me donne le quotient 132 ; je multiplie 3 par 112 , j'ai pour produit 336, d'où retranchant 331 , le reste 5 est le reste de ma division.

7.ᵉ Exemple.

Diviser 238632 par 489.

Opération.

$$C \ 11.$$
$$238|632 \quad | \quad 489$$
$$-2|$$
$$\overline{476}$$
$$11$$
$$\overline{487 + 1 = 488}$$
$$632$$
$$C \ 13 \times 11 = 143 \ \Big\} \ 632$$
$$489| \quad 489$$
$$11|$$
$$\overline{500}$$

_____

(1) Quand les complémens sont tous deux de même

Dans cet exemple, le diviseur se complémente sur 500 ou $\frac{1000}{2}$. Je double alors 238, j'ai 476; j'y ajoute 11, complément de 489, ce qui me donne pour quotient présumé 487, que je complémente sur 500; j'ai pour complément 13 que je multiplie par 11, je retranche le produit 143 de 632; je divise la différence par 489; et comme j'obtiens 1 pour quotient, je l'ajoute à 487, et j'ai pour quotient exact 488.

Nous avons suivi méthodiquement le même ordre pour la division que pour la multiplication. La même série de sections nous a donné des méthodes partielles, que nous avons eu soin de faire précéder d'une règle générale, dans laquelle rentraient tous les cas partiels.

Ainsi, si l'esprit de tous nos procédés a été bien saisi, nous verrons que tous les cas de la division se rapportent à deux :

1.° Celui où le complément du diviseur est direct;

2.° Celui où le complément du diviseur est inverse.

---

espèce, je retranche de leur produit la partie séparée à la droite du dividende ; mais s'ils sont d'espèces différentes, j'ajoute cette partie à leur produit.

Dans le premier cas, après avoir séparé la partie de votre dividende qui contient la partie décadaire, ajoutez le complément du diviseur; dans le second cas, retranchez de la portion séparée à droite le complément décadaire : vous aurez de la sorte le quotient présumé.

Ensuite on formera le produit complémenmentaire du complément du diviseur et du quotient présumé : ce produit est composé de deux facteurs qui sont des complémens ; dans le cas où ces facteurs seraient semblables, c'est-à-dire, ou tous deux directs, ou tous deux inverses, il faudra le retrancher de la partie décadaire. Si au contraire les deux complémens sont d'espèce différente, c'est-à-dire, si l'un est direct et l'autre inverse, il faudra l'ajouter à la partie laissée à droite de la verticale.

Si l'on compare ces règles avec celles de la multiplication, on se convaincra que, la multiplication étant une opération inverse de la division, celle-ci doit opérer par addition, quand la première emploie la soustraction, et réciproquement.

1.er Exemple.

Diviser 7864 par 108. Le diviseur a un

complément inverse; donc il faudra le retrancher de 78 pour avoir le quotient présumé 70; 70 et 108 sont complémentés l'un par complément direct, l'autre par complément inverse; donc à 7864 il faudra ajouter $240 = 30 \times 8$, on aura donc 7212 : mais comme on a passé 3 unités au-delà de la verticale, il faudra retrancher 3×8 ou 24. Voici le figuré de l'opération :

$$\begin{array}{c|c} & \supset 8. \\ 78 \mid 64 & 108 \\ \text{A retrancher.. } 8 & \\ \hline 70 \mid 64 & \\ \text{A ajouter .... } 2 \mid 40 & = 8 \times 30 \text{ produit complément.}^{\text{re}} \\ \hline 73 \mid 04 & \\ \text{A retrancher.. } \mid 24 & \text{ou } 3 \times 8. \\ \hline 72 \mid 80 & (1) \\ \text{A ajouter .... } \mid 8 & = 1 \times 8. \\ \hline \text{Quotient.....} 72 \mid 88 \text{ reste.} \end{array}$$

2.ᵉ *Exemple.*

On a 846759 à diviser par 118. Voici l'opération figurée :

_____

(1) L'emprunt fait pour la soustraction est la cause de l'addition de ce nouveau produit.

```
                              ⊃ 18.
                  8467 │ 59 │   118
A soustraire..18
                  ─────
                  6667   59
J'ajoute ....   599   94 produit de 6667 × 18.
                  ─────
                  7267   53
Je retranche. 108   00 produit de 600 × 18.
                  ─────
                  159   53
J'ajoute....   19   44 produit de 108 × 18.
                  ─────
                  7178   97
Je retranche.   3   42 produit de 19 × 18.
                  ─────
                  7175   55
J'ajoute....        54
                  ─────
Quotient...7175│109 reste.
```

Nous avons dans cet exemple un moyen de justifier la remarque précédente du mouvement inverse de l'action décadaire et complémentaire.

Je retranche d'abord 18 des centaines de la partie séparée par le trait vertical, et j'ai, pour premier quotient présumé, 6667 : mais il est trop petit ; je dois lui ajouter le produit complémentaire 3333 × 18 ou 59994 ; ce produit rend le quotient trop grand du produit complémentaire $\frac{599 \times 18}{100}$, augmenté de 1 à

cause de la retenue, ou $600 \times 18 = 10800$:
je fais la soustraction ; le quotient est trop
faible de $\frac{108 \times 18}{100} = 1944$ qui augmente le

quotient qui devient trop grand de $\frac{19 \times 18}{100}$

$= 342$; celui-ci est trop faible de $\frac{3 \times 18}{100} = \frac{54}{100}$

qui, ajouté avec 7175, 55, me donne 7175
pour quotient, et 109 pour reste.

Nous aurions abrégé nos opérations en
complémentant sur 120 ; alors j'aurais opéré
en divisant par ce dernier nombre, avec une
correction. Elle s'obtient en multipliant le
quotient trouvé par le complément ; et en divisant de nouveau, on opère de même sur ce
nouveau quotient, jusqu'à ce que le produit
du complément par le quotient soit moindre
que le diviseur. Nous donnerons des exemples
qui feront ressortir les avantages de cette méthode.

1.er Exemple.

Soit 7854 à diviser par 79. Je divise par
80 ; le quotient est 98 avec 14 de reste. Je
multiplie 98 par 1 et divise par 80 ; j'ai 1
pour quotient et 18 pour reste : donc mon

quotient est la somme 98 + 1, qui est celle des quotiens, et le reste est 14 + 18 + 1 qui est celle des restes. Effectivement la division de 7854 par 79 donne 99 pour quotient, et 33 pour reste.

2.e Exemple.

On propose de diviser 456876 par 68. Je divise successivement par 70, et je multiplie les quotiens par 2 ; je prends la somme des quotiens et celle des restes, et j'ai le quotient et le reste : 456876 divisé par 70 donnera 6526 pour quotient, avec un reste 56 ; multipliant le quotient par 2, j'ai 13052 que je divise par 70 ; j'ai 186 pour quotient et 32 pour reste. Je multiplie 186 par 2 et je divise par 70 ; j'ai le quotient 5 et le reste 22. Je multiplie le quotient 5 par 2, le produit 10 est moindre que 70, je l'écris au reste : la somme des quotiens est 6526 + 186 + 5 = 6717; celle des restes, 56 + 32 + 22 + 10 = 120, qui, divisée par 68, donne 1 pour quotient, et 52 pour reste : donc le quotient est 6718, et le reste 52.

Dernier Exemple.

On veut diviser 417865 par 893. Je divise par 900 ou 9 ; le quotient est 464 et le

reste 265. Multipliant le quotient 464 par 7,
et divisant par 900, le quotient est 3, et le
reste 548. Je multiplie le quotient 3 par 7, j'ai
21 < 893 ; donc le quotient est la somme des
quotiens partiels 464 + 3 = 467, et le reste
celle des restes 265 + 548 + 21 = 834.

Pour bien entendre le mouvement de nos
diverses opérations, nous allons tâcher d'appliquer la synthèse à des exemples. Si nous
avons à diviser 7800 par 78, le quotient sera
100, et le reste zéro. Si nous avons à diviser
par 100, le quotient sera 78, et le reste zéro ;
donc si le diviseur est entre 100 et 78, le
quotient sera plus grand que 78, et plus
petit que 100, et cela en raison des différences
de ces nombres avec ces deux limites : suivons-
en la série. Si je veux diviser 7800 par 99,
j'aurai 78 pour quotient, et 78 pour reste ; si
je voulais diviser 78 par 98, il me viendrait
78 au quotient, et deux fois 78 pour reste.
Je fais ce produit et je le divise par 98, il me
vient 1 au quotient, et 58 pour reste. Il en
sera de même des autres nombres 97, 96.
J'en conclus que je dois multiplier par le
complément le résultat de ma division par
100 ; et si ce produit donne des centaines, il

me faudra les multiplier de nouveau par le complément.

Cette démonstration pour le complément sur 100 s'applique à tout complémentateur; donc on voit qu'il faut multiplier successivement les quotiens divisés par le diviseur choisi, et faire l'addition des quotiens pour avoir le quotient total.

Cherchons maintenant l'hypothèse où l'on aurait à diviser par un nombre plus petit que 78, ou 7800 divisé d'abord par 77, j'aurai 101 pour quotient; j'en conclus que le nombre 100 est augmenté du chiffre complémentateur du diviseur sur 78; je fais l'opération, et j'ai 101 pour quotient, et 23 pour reste.

7800 par 76 me donnera 102 pour quotient ou $100 + (78 - 76)$, et pour reste $(100 - 76) \times (78 - 76)$; ou en général le complément par la différence entre le diviseur et la partie du dividende, qui est divisée par le complémentateur.

Soit donc proposé de diviser 7800 par 69, le quotient sera $100 + 9$, différence entre 78 et 69, et le reste 31, par 9 ou 279 ou 4 de quotient et 3 de reste, on aura donc 113 pour quotient, et 3 de reste.

On peut tirer cette méthode de division de la considération de la limite de la différence entre la partie décadaire et le diviseur. Si la partie décadaire est plus grande que le diviseur à 100, ajoutez cette différence, et vous aurez le quotient approché ; formez un produit différentio-complémentaire, c'est-à-dire, composé de deux facteurs, l'un dont est le complément, l'autre la différence entre la partie décadaire et le diviseur, et opérez de même.

1.er Exemple.

Je veux diviser 6467 par 58 : je tire un trait vertical entre 64 et 67, ma partie décadaire est 64, sa différence avec le diviseur est 6 ; on a $64 > 58$; donc le quotient approché sera 106. Je multiplie cette même différence par le complément de 58 ou 42, j'ai 252 ; ajoutant 67, j'ai 319 : j'effectue la division par 58 ; et le quotient 5, ajouté à 106, me dit que mon quotient total est 111, et le reste 29 (1).

---

(1) Si m est la partie décadaire, de manière qu'on ait $10^n \times m + R a$, à diviser par $10^n M + R$, on aura pour quotient $10^n + m - M + \dfrac{(m - M) c}{10^n M + R}$, c étant le complément.

Nous avons discuté ces diverses sortes de division, qui toutes ont sur l'ancienne, 1.° l'avantage de la célérité dans plusieurs cas ; 2.° celui de ne donner jamais lieu à aucun tâtonnement.

De cette dernière remarque, concluons qu'en divisant un nombre suivi de zéros par 10, 100, 1000, &c., en un mot l'unité suivie d'autant de zéros, on aura le même nombre que si le diviseur est une puissance de 10, moins un complément ; il faudra pour correction ajouter le produit du quotient par le complément divisé de nouveau par le diviseur.

On remarquera enfin que la multiplication de 100, plus un complément, et celle de 100, moins le même complément, sont deux méthodes inverses : donc, au lieu de diviser par 104, on pourra multiplier la partie décadaire par 96 ; au lieu de la division par 107, on aurait la multiplication par 93 ; on aura par ce retour la même partie décadaire. Ainsi, au lieu d'employer des méthodes de division pour arriver aux mêmes résultats, la complémentation a recours à une multiplication.

Nous conclurons ce que nous venons de

dire sur la méthode de la division, par une méthode qui, par sa simplicité, mérite toute l'attention des calculateurs. Voici le procédé à suivre.

Séparez par un trait vertical votre dividende, de manière à laisser à droite autant de chiffres qu'il y en a dans votre complémentateur ; ces chiffres à gauche de la verticale représenteront la partie décadaire ; multipliez cette portion laissée à la gauche de la verticale par le complément du diviseur ; écrivez le produit sous votre dividende : si le complément est direct, vous ajouterez ce produit ; si ce produit donne des chiffres au-delà de la verticale, vous multiplierez ces chiffres et vous les ajouterez, et ainsi de suite, jusqu'à ce que vous ayez épuisé les produits.

1.er Exemple.

Je me propose de diviser 7268 par 96 : je place mon trait vertical en laissant deux chiffres à droite ; mon divende ainsi transformé est 72|68. Je multiplie 72 par 4, complément du diviseur 96 sur 100, et je l'ajoute à 7268 ; 72 × 4 donne 288 ; par conséquent, 2 à gauche de la verticale avec une unité produite par l'addition, la partie décadaire se trouve augmentée de 3 ; ainsi, multipliant 3 par le complément, j'obtiens 12, que j'ajoute à mon dividende, ce qui me donne 75 pour quotient, et 68 pour reste. Voici le figuré de l'opération :

$$
\begin{array}{rr|ll}
 & & \text{C } 4. & \\
72 & 68 & 96 & \\
2 & 88 & \text{produit de } 72 \times 4 \text{ à ajouter.} \\
\hline
75 & 56 & & \\
 & 12 & \text{produit de } 3 \times 4. \\
\hline
\end{array}
$$

Quotient.... 75 | 68 reste.

Cette méthode a l'avantage d'offrir le quotient et le reste sur la même ligne : le quotient à gauche de la verticale, et le reste à droite.

2.ᵉ Exemple.

On veut diviser 3869421 par 983. Voici le figuré de l'opération :

$$
\begin{array}{rr|ll}
 & & \text{C } 17. & \\
3869 & 421 & 983 & \\
65 & 773 & \text{produit de } 3869 \times 17 \text{ à ajouter.} \\
\hline
3935 & 194 & & \\
1 & 122 & \text{produit de } 66 \times 17 \text{ à ajouter.} \\
\hline
3936 & 316 & & \\
 & 17 & \text{produit de } 1 \times 17 \text{ à ajouter.} \\
\hline
\end{array}
$$

Quotient 3936 | 333 reste.

Le quotient est 3936, le reste 333.

Si le complément du diviseur était inverse, il faudrait retrancher et ajouter successivement les produits du complément, par la portion qui dépasserait la verticale (1).

1.er Exemple.

On demande le quotient de 267657 par 1023.

J'opère ainsi :

```
                        C 23.
       267 | 657        1023
         6 | 141    prod. de 267 × 23 à retrancher.
       ─────────
       261 | 516
           | 138    produit de 6 × 23 à ajouter.
       ─────────
Quotient... 261 | 654 reste.
```

Le quotient est 261, le reste 654.

_____

(1) Le cas où le complément étant inverse, il faut ajouter ou retrancher le produit complémentaire pour approcher du vrai quotient en dessus et en dessous, se rapproche des moyens d'approximation offerts par les méthodes des séries. Cette marche de la valeur se reproduira dans beaucoup de circonstances du calcul complémentaire, et nous aurons soin d'y arrêter nos lecteurs.

6

2.ᵉ Exemple.

Diviser 45869 par 138.

	⊃ 38.	
458	69	138
174	04	à retrancher le produit de 458 × 38.
284	65	
66	12	à ajouter le produit de 174 × 38.
350	77	
25	08	à retrancher le produit de 66 × 38.
325	69	
9	50	à ajouter le produit de 25 × 38.
335	19	
3	80	à retrancher le produit de 38 × 10.
331	39	
1	52	à ajouter le produit de 4 × 38.
332	91	
	38	à retrancher de 38 × 1.

Quotient.. 332 | 53 reste.

Cette méthode n'a d'avantage que quand
les complémens sont peu élevés : ici elle conduit au but sans tâtonnement , mais elle est
laborieuse; cependant, comme elle s'applique à
tous les complémentateurs, elle peut recevoir
d'utiles applications.

(83)

Par exemple, je veux diviser 764321 par
497 : je fais la portion décadaire après avoir
séparé trois chiffres à droite par la verticale,
je double 764, à cause de $497 = 500 - 3$
$= \frac{1000}{2} - 3$: c'est la première partie de mon
quotient ; je multiplie par 3, en doublant toujours la portion qui se trouve en-deçà de la
verticale.

Voici le figuré de l'opération :

```
                  | C.  500 — 3
       764 | 321  |_____497_____
     1528 | 321   } en doublant les chiffres à gauche
                  }    de la verticale.
         8 | 584  } produit de 1528 × 3 = 4584; je
                  }    double 4.
     1536 | 905
           24 produit de 8 × 3.

     1536 | 929.
Quotient 1537 | 432 reste à cause de 929 = 497 + 432.
```

Toutes les méthodes de division indiquées
ont chacune, dans des cas particuliers, de
grands avantages ; elles ont celui de laisser voir
la liaison intime qui unit les méthodes de la
multiplication et de la division, en prouvant
que multiplier par le complémentateur aug-

6 *

menté du complément, c'est la même chose (1)
que diviser le nombre augmenté d'autant de
zéros qu'il y en a dans le complémentateur,
par le complémentateur avec le complément
négatif.

Ainsi, pour donner un exemple simple,
41×101 et $\frac{4100}{99}$ donneront des chiffres identiques, et 41×102 de même $\frac{4100}{98}$, &c.

Il y aura une petite correction que nous
indiquerons, quand nous donnerons la cinquième note algébrique.

PREUVES DE LA DIVISION.

On aura, comme dans la multiplication,
trois sortes de preuves : les deux premières
sont fondées sur ce que le quotient multiplié
par le diviseur donne le dividende.

1.ʳᵉ PREUVE, PAR LA MULTIPLICATION.

Elle consiste à multiplier le quotient par le
diviseur, à ajouter le reste au produit pour
avoir le dividende.

---

(1) Ici la valeur n'est rien ; nous considérons les chiffres
abstractivement et dans leur ordre, indépendamment de
leur valeur dans l'échelle décimale.

En effet, en multipliant le quotient par le diviseur, on fait autant d'additions du quotient qu'il y a d'unités dans le diviseur; on fait ainsi autant d'additions qu'on avait fait de soustractions; on recompose ce qu'on avait décomposé : on doit donc reproduire le dividende.

On suppose que la division de 4786 par 78 a donné un quotient égal à 61 et un reste 28 : pour vérifier si l'opération est exacte, je multiplie $78 \times 61 = 4758$; j'ajoute 28, qui redonne le dividende 4786, et prouve la bonté de l'opération.

2.ᵉ PREUVE, PAR LA DIVISION.

Elle consiste à multiplier ou à diviser par un même nombre le dividende et le diviseur, et à faire ensuite une nouvelle division afin d'avoir le même quotient.

1.ᵉʳ Exemple.

La division de 378 par 42 m'a donné 9 pour quotient : je divise ces deux termes par un même nombre, par exemple 6, et j'effectue de nouveau la division de 63 par 7; comme le quotient est encore 9, j'en conclus l'exactitude du quotient.

2.e *Exemple.*

Soit le quotient 68 obtenu en divisant 1972 par 29 : je multiplie 1972 et 29 par le nombre 3 ; et comme, en divisant 5916 par 87, j'ai encore le même quotient, il n'y a pas eu d'erreur.

La démonstration de ce principe est dans son énoncé ; car le quotient indique le nombre de soustractions que l'on a faites du diviseur : quand il devient multiplicateur, il indique combien on fera d'additions. On fera donc autant d'additions que l'on a fait de soustractions ; on recompose ce que l'on avait décomposé.

3.e PREUVE, PAR 9.

La preuve dite par 9 ne diffère pas de celle de la multiplication, en considérant le diviseur et le quotient comme facteurs, et le dividende comme le produit augmenté du reste.

DES FRACTIONS (1).

On entend par fraction une ou plusieurs parties de l'unité.

Une fraction se compose de deux termes ; pour écrire les deux termes d'une fraction, on les écrit l'un sur l'autre en les séparant par le signe de la division $\frac{5}{9}$, $\frac{2}{11}$, qu'on lit cinq neuvièmes, deux onzièmes. Le chiffre supérieur est appelé le *numérateur*, et l'inférieur le *dénominateur* ; le numérateur indique combien on prend de parties de l'unité, et le dénominateur marque de combien de parties l'unité se compose.

On nomme fraction complément, une fraction dont le dénominateur restant le même, le numérateur est la différence entre le numérateur et le dénominateur. Ainsi, la fraction complément de $\frac{7}{11}$ est $\frac{4}{11}$; celle de

(1) Nous conservons cette portion de l'ancienne édition : la clarté des principes nous a fait un devoir de recueillir cette rédaction de l'estimable M. Treuil, enlevé trop tôt à sa famille, à ses amis, aux lettres et aux sciences, qu'il cultiva avec succès ; nous n'ajoutons que les propriétés des fractions complémentaires, et une rédaction nouvelle de la méthode pour convertir les fractions en décimales.

$\frac{9}{14}$ est $\frac{5}{14}$: la fraction et la fraction complément ajoutées forment l'unité.

Une fraction peut être considérée comme une division indiquée, dans laquelle le numérateur est le dividende, et le dénominateur le diviseur. Il est alors évident, 1.° qu'en multipliant le numérateur d'une fraction, on multiplie la fraction ; qu'en multipliant le dénominateur, on la divise : de même, en divisant le numérateur, on divise la fraction; en divisant le dénominateur, on la multiplie.

2.° Il résulte de là qu'en multipliant ou en divisant les deux termes d'une fraction par un même nombre, on n'en change pas la valeur ;

3.° Qu'une fraction dont le numérateur égale le dénominateur vaut un; que celle dont le dénominateur surpasse le numérateur est moindre qu'un; qu'enfin si le numérateur est plus grand que le dénominateur, la fraction est plus grande que l'unité.

Nous rappelons tous ces principes généraux pour faciliter à nos lecteurs l'explication des objets que nous allons parcourir, en appliquant aux fractions la méthode complémentaire ; ce que nous allons dire comprendra, 1.° la transformation des fractions; 2.° le calcul des fractions.

Transformer une fraction, c'est changer sa forme sans changer sa valeur. On peut opérer plusieurs transformations sur les fractions sans altérer leur valeur.

1.° Changer un entier en fraction;

2.° Une fraction en entier;

3.° Une fraction en une autre;

4.° Une fraction ordinaire en fraction décimale;

5.° Une fraction décimale en fraction ordinaire;

6.° Réduire une fraction à sa plus simple expression;

7.° Réduire plusieurs fractions au même dénominateur.

Nous allons successivement parcourir les diverses questions qui ont trait à ces opérations préliminaires.

1.re TRANSFORMATION.

Changer un entier en fraction.

Pour mettre un entier sous la forme d'une fraction d'une espèce donnée, par exemple, 7 en 8.mes, je multiplie l'entier 7 par 8, et je

donne au produit 56 le dénominateur déterminé, ce qui donnera $\frac{56}{8}$. On arrive au
même résultat par les procédés de la méthode
complémentaire, ce qui s'opère ainsi : de 7
j'ôte 2, complément de 8, il me reste 5; je
multiplie les complémens 2 et 3, je juxta-pose
le produit 6 à 5, ce qui me donnera 56 ; écrivant 8 pour dénominateur, j'ai $7 = \frac{56}{8}$. On
figure ainsi l'opération :

$$\text{C } 3. \text{ C } 2.$$
$$\frac{7 \times 8}{8} = \frac{56}{8}$$

De même 8 en sixièmes égale $\frac{48}{6}$: pour
cela, de 8 je retranche 4, complément de 6
sur 10, et j'ai la partie décadaire du produit ;
je juxta-pose le produit des deux complémens
2 et 4, cela donne le produit, ce que je figure
de la sorte :

$$\text{C } 4. \text{ C } 2.$$
$$\frac{6 \times 8}{0} = \frac{48}{6}$$

S'il y avait un entier et une fraction jointe,
alors il faudrait multiplier l'entier par le dénominateur et ajouter au produit le numérateur
de la partie fractionnaire.

Exemple.

$$6 + \frac{5}{13}$$

C 4. Ɔ 3.

$$\frac{6 \times 13}{13} + \frac{5}{13} = \frac{78 + 5}{13} = \frac{83}{13}$$

Je retranche de 13 le complément 4, ou j'ajoute à 6 le complément 3, ce qui me donne la partie décadaire 9, par conséquent 90, dont retranchant 3×4, ou 12, j'ai 78 pour numérateur ; j'ajoute 5, numérateur de la fraction, et j'ai $\frac{83}{13}$ pour la fraction cherchée.

2.me TRANSFORMATION.

Changer une fraction en un entier.

Pour opérer cette transformation, je divise le numérateur par le dénominateur, ce qui produit trois cas.

1.er cas. Ou la division a lieu exactement, et le quotient est le nombre d'entiers.

2.me cas. Ou elle s'effectue avec un reste, alors cela prouve qu'il y a un entier et une fraction.

3.me cas. Ou la division ne peut pas se faire, et cela prouve qu'il n'y a pas d'entier.

1.ᵉʳ Exemple.

$\frac{63}{7}$. A la partie décadaire 6 , j'ajoute le complément 3 du dénominateur, et j'ai le quotient 9, qui peut être trop grand : pour l'éprouver, je retranche le produit complémentaire 1 × 3 du 3 resté; et comme la soustraction est exacte, alors j'en conclus que $\frac{63}{7} = 9$.

2.ᵉ Exemple.

$\frac{79}{8}$. A la partie décadaire 7 , j'ajoute le complément 2 du dénominateur, ce qui me donne 9 pour entier. Comme le produit des complémens de 8 et de 9 est 2 × 1 ou 2, en le retranchant de 9, il reste 7, d'où je conclus que $\frac{79}{8} = 9 + \frac{7}{8}$.

3.ᵉ Exemple.

$\frac{13}{21}$. Comme le numérateur est plus petit que le dénominateur, il n'y a pas d'entier.

3.ᵉ TRANSFORMATION.

Changer une fraction en une autre.

Comme elle s'effectue en multipliant ou divisant à-la-fois les deux termes par un même nombre , l'arithmétique complémentaire ne peut prescrire que ce qui est développé déjà dans les méthodes ordinaires de multiplication et de division.

1.er Exemple.

Changer $\frac{22}{36}$ en 72. Je divise le dénominateur 72 par 36, et je multiplie le numérateur 22 par 2 , quotient de $\frac{72}{36}$; on voit donc qu'il faut multiplier les 2 termes par le nouveau dénominateur donné et diviser par l'ancien ; on a $\frac{44}{72}$.

2.e Exemple.

Changer $\frac{5}{4}$ en 12. Je multiplie les 2 termes par 12 et j'ai $\frac{60}{48}$; divisés par 4 , j'ai $\frac{15}{12}$. Pour que cette transformation soit possible, il faut que le nouveau dénominateur soit divisible par l'ancien.

4.e TRANSFORMATION.

Changer une fraction ordinaire en fraction décimale.

Il faut effectuer la division du numérateur, suivi de zéros, par le dénominateur, et séparer vers la droite autant de chiffres décimaux que l'on a mis de zéros.

Exemple.

Je veux changer $\frac{7}{8}$ en décimales, sans changer la valeur de la fraction; si je me contente d'approcher à un dixième près, je puis l'écrire sous cette forme $\frac{7 \times 10}{8}$: 10 ; si je veux approcher à un millième près, j'écrirai $\frac{6 \times 1000}{8}$: 1000 ; ensuite effectuant la multiplication et les deux divisions indiquées, j'obtiendrai 0,875.

Le moyen suivant nous paraît préférable, comme rentrant dans les formes de la méthode complémentaire.

A 7, suivi de 3 zéros, j'ajoute le nombre 2, complément du diviseur, ce qui me donne 9 dixièmes pour quotient présumé; mais comme il faut retrancher le produit complémentaire, je suis obligé de l'établir sur 8, ce qui me donne 10 pour reste, d'où, retranchant 4 $=$ 2 × 2, il reste 6, qui, suivi de même de 2 zéros, sera traité de la même manière : à 6 j'ajoute le complément 2, qui me donne un second chiffre au quotient présumé; mais alors je dois le diminuer d'une unité pour que le produit complémentaire puisse être retranché.

Je me trouve avoir pour second chiffre, au quotient 7, et pour reste 4 ; traitant ce reste de la même manière, je me trouve avoir 10 = 2 × 5, produit des deux complémens.

Figuré de l'opération :

```
                  | C 2.
        7, | ooo  |   8
        2  |      |
           |      |
        9, | ooo  | ( 9, quotient trop grand, n'ayant pas
           |      | {    de restes pour retrancher le pro-
           |      | (    duit complémentaire.
A retrancher.. |  4   produit des complémens, 2 × 4.
```

1.er chiffre
du quo-
tient... 8 | 6 | oo premier reste.
              | 2 |

```
                 ( ce quotient 8 est trop fort, n'ayant
        8, oo    {    pas de chiffres pour la sous-
                 (    traction, le diminuer de 10.
```

7, oo
   60   produit complém.re à retrancher.

   40   deuxième reste.
   2

```
                 ( 6, quotient trop fort, à diminuer
        60       {    de 1, reste 5, dont le complé-
                 (    ment 5 × 2 = 10, égal au reste.
```

Les chiffres du quotient sont donc 0,875.

La méthode suivante est très-active. Soit la même fraction $\frac{7}{8}$; je l'écris sous cette forme,

$$\frac{7 \times 10}{8} : 10.$$ Je complémente sur 8 les 2 termes

$$C\,8 = 1.\ \mho\,8 = 2.$$

du numérateur, et j'ai $\dfrac{7 \quad \times \quad 10}{8} : 10$; pour

effectuer le produit du numérateur, j'ajoute 2 à 7, ou je retranche 1 de 10, ce qui me donne 9 huitaines, mais trop grand ; puisqu'il faut retrancher le produit des complémens 1×2, sur 8 j'emprunte 1, ce qui me donne donc $\frac{8}{10} + \frac{6}{80}$: traitant de la même manière

$$C\,8.\,2.\ \mho\,2.$$

$\dfrac{6 \times 10}{8}$, j'ai $\dfrac{6 \times 10}{8}$, j'aurai 7 avec un reste 4 ; j'opérerai de même, et le quotient sera 5 ; donc j'ai $0,875$.

On pourra s'exercer de la même manière sur $\frac{13}{15}$, $\frac{78}{97}$, $\frac{31}{34}$, $\frac{8}{9}$. Ce moyen, qui rentre absolument dans la méthode complémentaire, est aussi curieux que nouveau.

5.ᵉ TRANSFORMATION.

Changer une fraction décimale en fraction ordinaire.

Comme pour cela il ne faut que supprimer la virgule, et écrire comme dénominateur l'unité suivie d'autant de zéros qu'il y a de

chiffres décimaux, on voit que notre méthode
ne présenterait aucun procédé plus actif.

6.ᵉ TRANSFORMATION.

Réduire une fraction à la plus simple expression.

Il faut diviser les deux termes de la fraction
par leur plus grand commun diviseur : c'est
donc à la recherche de ce commun diviseur
que nous donnerons nos soins.

Voici, pour le trouver, la règle indiquée
dans tous les traités d'arithmétique.

Pour trouver le plus grand commun diviseur entre deux nombres, on divisera le plus
grand nombre par le plus petit, le plus petit
par le premier reste, le premier reste par le
second, jusqu'à ce qu'on trouve un reste qui
soit diviseur exact du précédent. Ce reste sera
le plus grand commun diviseur.

Appliquons deux exemples.

1.ᵉʳ *Exemple.*

On veut réduire à la plus simple expression
$\frac{91}{294}$, je cherche d'abord le plus grand commun
diviseur : pour l'obtenir, 1.° je divise 294 par 91,
j'ai pour quotient 3, et 21 pour reste ;

7

2.º Je divise 91 par 21, j'ai 4 pour quotient et 7 pour reste;

3.º Divisant 21 par 7, la division est exacte;
j'en conclus que 7 est le plus grand commun
diviseur.

Divisant les deux termes de ma fraction
par 7, il vient $\frac{13}{42}$, qui est irréductible.

2.ᵉ Exemple.

Je veux réduire $\frac{14349}{38264}$ à la plus simple
expression :

1.º Je divise 38264 par 14349, j'ai 2 pour
quotient, et 9566 pour reste;

2.º Je divise 14349 par 9566, j'ai 1 pour
quotient, et 4783 pour reste;

3.º Je divise 9566 par 4783, le quotient
exact est 2; donc, je conclus que 4783 est
mon plus grand diviseur.

Je divise mes deux termes par ce nombre,
et j'ai pour fraction $\frac{3}{8}$. Dans ce dernier exemple,
on aurait pu prendre de suite le huitième du dénominateur, parce que le premier étant pair
et le second étant impair, on pouvait débarrasser le dénominateur du facteur pair.

Ces différentes divisions pourront s'effectuer par la méthode complémentaire.

7.ᵉ TRANSFORMATION.

Réduire plusieurs fractions au même dénomi-
nateur.

Pour réduire deux fractions au même dénominateur, il faut multiplier les deux termes de
là première par le dénominateur de la seconde,
les deux termes de la seconde par le dénominateur de la première.

Soit proposé de réduire au même dénomi-
nateur les deux fractions $\frac{7}{8}$, $\frac{9}{13}$, on opère par
les complémens en disposant le calcul ainsi
qu'il suit : $\frac{(7+3)\times 10 - (3\times 3)}{(8+3)\times 10 - (2\times 3)} = \frac{91}{104}$; de
même multipliez haut et bas les deux termes
de la fraction $\frac{9}{13}$ par 8, vous aurez alors,
$\frac{(9-2)\times 10 + (2\times 1)}{(13-2)\times 10 - (2\times 3)} = \frac{72}{104}$.

Si l'on avait un plus grand nombre de fractions à réduire au même dénominateur, il faudrait multiplier les deux termes de chaque
fraction par le produit des dénominateurs de
toutes les autres.

Il est toujours commode et souvent utile
d'avoir le plus petit dénominateur commun
pour préparer cette opération : on cherche le

7 *

plus petit nombre possible qui puisse être divisé par chacun des numérateurs, et pour cela il faut décomposer chaque dénominateur en ses facteurs, et former un produit de tous les facteurs simples, chacun élevé à la puissance la plus haute à laquelle il se trouve dans ces dénominateurs, après avoir supprimé les doubles emplois.

Soit proposé de réduire au plus petit commun dénominateur la suite des fractions $\frac{7}{8}$, $\frac{15}{44}$, $\frac{2}{77}$, $\frac{25}{72}$, $\frac{11}{27}$, $\frac{3}{56}$, j'écris les dénominateurs sous cette forme :

$$\frac{7}{2\times2\times2.}, \frac{15}{2\times2\times11.}, \frac{2}{7\times11.}, \frac{25}{2\times2\times2\times3\times3.}, \frac{11}{3\times3\times3.},$$

et $\frac{3}{2\times2\times2\times7}$, et à cause de $8 = 2^3$, $44 = 2^2 \times 11$, $77 = 7 \times 11$, $72 = 2^3 \times 3^2$, $27 = 3^3$, $56 = 2^3 \times 7$.

La plus grande puissance de 2 dans cette décomposition est 8; la plus grande puissance de 3 est 27; 7 et 11 ne se trouvent qu'à la première puissance; le plus petit dénominateur commun sera par conséquent $8 \times 27 \times 11 \times 7 = 16632$, au lieu de l'énorme nombre 298064856, et les numérateurs se trouveront réduits dans la même proportion.

Pour obtenir les numérateurs, il faut multiplier le numérateur de chaque fraction par le quotient du dénominateur commun, c'est-à-dire, de 16632 par chaque numérateur particulier.

On propose quelquefois d'évaluer des fractions de fractions.

Exemple.

Soit demandé d'évaluer les $\frac{6}{7}$ des $\frac{5}{6}$ des $\frac{4}{5}$ des $\frac{3}{4}$ de 92 fois 36 fr. : c'est comme si l'on avait 6 fois le $\frac{1}{7}$ de 5 fois le $\frac{1}{6}$ de 4 fois le $\frac{1}{5}$ de 3 fois le $\frac{1}{4}$ de 92 fois 36.

Je commence par évaluer le quart de 92 fois 36, qui donne $\frac{92 \text{ fois } 36}{4}$; pour répéter cela trois fois, je multiplie le numérateur, et j'ai $\frac{92 \text{ fois } 36 \times 3}{4}$, expression dont il faut prendre la cinquième partie, ce qui se fait en multipliant le dénominateur par 5 ; on a alors $\frac{92 \text{ fois } 36 \times 3}{4 \times 5}$ qui, répété quatre fois, donne $\frac{92 \text{ fois } 36 \times 3 \times 4}{4 \times 5}$. En continuant le même raisonnement, on trouvera que les $\frac{6}{7}$ des $\frac{5}{6}$ des $\frac{4}{5}$ des $\frac{3}{4}$ de 92 fois 36, équivalent à

$\dfrac{92 \text{ fois } 36 \times 3 \times 4 \times 5 \times 6}{4 \times 5 \times 6 \times 7}$; effaçant les facteurs

communs aux deux termes, on obtient

$\dfrac{92 \text{ fois } 36 \times 3}{7} = 39^{f} \ 58^{c}$, somme approchée

jusqu'aux centimes.

Ce raisonnement conduit à la règle suivante : pour évaluer les fractions de fractions,
multipliez tous les numérateurs entre eux
et par l'entier, divisez le produit par celui
des dénominateurs ; de même les $\frac{7}{9}$ de
$786^{m}, 78^{cm}$ seraient $611^{m}, 94^{cm}$.

Opérations de l'arithmétique sur les nombres fractionnaires.

ADDITIONS DES FRACTIONS.

Pour ajouter ensemble plusieurs fractions,
on commencera, en supposant qu'elles n'aient
pas un même dénominateur, par les y réduire.
On ajoutera ensuite les numérateurs entre
eux ; on donnera à cette somme, pour dénominateur, le dénominateur commun ; on
ôtera les entiers, et l'on mettra le reste sous
forme de fraction qu'on réduira à sa plus
simple expression.

On peut effectuer les multiplications qu'on

est obligé de faire pour réduire les fractions au même dénominateur, par la méthode que nous avons exposée en parlant de la multiplication des nombres. De même, pour ôter les entiers qui pourraient être contenus, on pourrait effectuer la division, comme nous l'avons dit à l'article division.

Nous nous contenterons ici de donner quelques exemples d'additions de fractions en suivant la méthode ordinaire, laissant au lecteur à appliquer la méthode par la complémentation.

1.ᵉʳ *Exemple.*

Soit proposé d'ajouter ensemble $\frac{8}{9}$ et $\frac{10}{11}$, en réduisant au même dénominateur : nous aurons à ajouter $\frac{88}{99}$ et $\frac{90}{99}$, ce qui nous donnera $\frac{178}{99}$; ôtant les entiers, et mettant le reste sous forme de fraction, nous aurons pour somme $1 + \frac{79}{99}$.

2.ᵉ *Exemple.*

Soit proposé d'ajouter ensemble les fractions $\frac{5}{6}$, $\frac{8}{9}$, $\frac{4}{5}$ et $\frac{19}{20}$. On disposera l'opération ainsi qu'il suit :

$$\frac{5}{6} + \frac{8}{9} + \frac{4}{5} + \frac{19}{20}$$
$$2 \times 3, 3 \times 3, 5, \qquad 5 \times 2 \times 2.$$

Les produits 2 × 3 , 3 × 3 , &c., ne sont
autre chose que les dénominateurs décom-
posés dans leurs facteurs simples. On formera
le produit 2 × 2 × 3 × 3 × 5 , en prenant les
facteurs simples des dénominateurs à la plus
haute puissance où ces facteurs se trouvent ;
par-là on obtient un nombre 180 , qui est divisible par chaque dénominateur ; ensuite, pour
réduire les fractions au même dénominateur ,
on multipliera les deux termes de chacune
d'elles par le facteur qui manque à son dénominateur pour être 180. Ce facteur s'obtient
en divisant 180 par le dénominateur même
de la fraction qu'on veut réduire au dénominateur 180. D'après cela, on multipliera les
deux termes de la première fraction par 30 ,
quotient de 180 divisé par le dénominateur 6 ;
les deux termes de la deuxième fraction par
20, quotient de 180 divisé par 9 ; les deux
termes de la troisième fraction par 36 , quotient de 180 divisé par 5 ; et enfin les deux
termes de la quatrième par 9 , quotient de 180
divisé par 20. Ces opérations faites, on n'aura
plus qu'à ajouter ensemble les fractions sui-
vantes : $\frac{150}{180} + \frac{160}{180} + \frac{144}{180} + \frac{171}{180}$, ce

qui donnera pour somme $\frac{625}{180} = 3 + \frac{85}{180}$
$= 3 + \frac{17}{36}$.

3.ᵉ Exemple.

Soit proposé d'ajouter ensemble $17 \frac{4}{5} +$ $19 \frac{6}{7} + 23 \frac{2}{3}$, on commencera par ajouter ensemble les fractions en suivant la marche qùe nous avons tracée ci-dessus, et l'on obtiendra pour somme $\frac{244}{105} = 2 + \frac{34}{105}$; en ajoutant ensemble les entiers, on obtient 59, qui, augmenté des deux entiers provenant de la somme des fractions, donnera pour somme totale résultant de l'addition des entiers accompagnés des fractions ajoutées ensemble, $61 + \frac{34}{105}$.

Nota. On aurait pu effectuer cette addition en réduisant d'abord les entiers en fractions, et opérant ensuite comme pour les fractions ; mais par ce moyen on aurait fait une opération de plus, qui est la réduction des entiers en fractions ; et l'on aurait eu à opérer sur des nombres plus compliqués ; de sorte qu'il vaut mieux suivre la marche que nous avons indiquée dans l'exemple que nous venons de traiter.

SOUSTRACTIONS DES FRACTIONS.

Pour soustraire une fraction d'une autre fraction, on commencera par réduire ces fractions au même dénominateur, si elles ne le sont pas; on retranchera le numérateur de la fraction à soustraire du numérateur de l'autre; on donnera à la différence le dénominateur commun, et l'on réduira ensuite la fraction-différence à la plus simple expression.

Nous allons donner des exemples de différens cas qui peuvent se présenter.

1.er Exemple.

Soit proposé de retrancher $\frac{8}{9}$ de $\frac{10}{11}$; en réduisant au même dénominateur, on aura $\frac{88}{99}$ à retrancher de $\frac{90}{99}$; la différence sera $\frac{2}{99}$. Mais pour opérer par complément, on peut ajouter au numérateur de la plus grande fraction la différence du numérateur et du dénominateur; ainsi, dans le cas présent, à $\frac{90}{99}$ j'ajouterai 11 au numérateur, j'aurai $\frac{101}{99}$, dont ôtant $\frac{99}{99}$ il restera $\frac{2}{99}$.

2.e Exemple.

Retrancher $17\frac{7}{10}$ de $23\frac{8}{9}$. On retranchera les fractions l'une de l'autre, c'est à-dire,

$\frac{7}{10}$ de $\frac{8}{9}$: on aura pour différence $\frac{17}{90}$. On retranchera ensuite les entiers l'un de l'autre,
ce qui donnera pour différence 6. Juxta-
posant $\frac{17}{90}$, différence entre les fractions, on
aura pour différence totale $6 + \frac{17}{90}$. Après
avoir réduit les deux fractions au même déno-
minateur, j'ai $\frac{63}{90}$ et $\frac{80}{90}$; ajoutant à 80 le complément 37, et ôtant l'unité, il reste $\frac{17}{90}$, qui est
la différence des deux fractions.

3.ᵉ Exemple.

Retrancher $23\frac{6}{7}$ de $32\frac{8}{13}$. Il faudrait re-
trancher $\frac{6}{7}$ de $\frac{8}{13}$ ou bien $\frac{78}{91}$ de $\frac{56}{91}$; comme
cela ne se peut, on empruntera sur 32 une
unité qui vaudra $\frac{91}{91}$, ajoutant ces $\frac{91}{91}$ à $\frac{56}{91}$, on
aura $\frac{147}{91}$, d'où en retranchant $\frac{78}{91}$, on aura
pour différence $\frac{69}{91}$. Il faut maintenant retrancher l'entier 23 de 31, à cause de l'unité qui
a été empruntée sur 32; on aura alors $8 + \frac{69}{91}$
pour différence entre $23\frac{6}{7}$ et $32\frac{8}{13}$.

4.ᵉ Exemple.

Retrancher $18\frac{11}{15}$ de 27. Comme l'entier
27 n'est accompagné d'aucune fraction, pour
pouvoir en retrancher $\frac{11}{15}$, je lui emprunterai
une unité qui vaudra $\frac{15}{15}$, d'où ôtant $\frac{11}{15}$ on a

pour différence $\frac{4}{15}$ ou le complément de $\frac{11}{15}$ sur $1 = \frac{15}{15}$. Retranchant 18 de 26, on a 8 pour différence, qui, joint à la fraction $\frac{4}{15}$, donne pour résultat de la soustraction $8 + \frac{4}{15}$.

Nota. Dans ces derniers exemples, on aurait pu réduire les entiers en fractions; mais on aurait à répéter ici ce qu'on a dit sur·l'addition.

Remarque. On pourrait, en prenant le complément du nombre à soustraire sur un nombre quelconque, faire la soustraction par addition.

Exemple.

On veut retrancher $\frac{2}{15}$ de $\frac{4}{7}$: réduisant les fractions au même dénominateur, il vient $\frac{14}{105}$ à retrancher de $\frac{60}{105}$; prenant le complément de 14 sur 100, on a 86, qui, ajouté à 60, donne 146 pour le nombre qui doit former mon numérateur, dont effaçant la première unité, j'ai pour reste $\frac{46}{105}$.

Si j'avais eu $\frac{3}{7}$ à retrancher de $\frac{7}{9}$, réduits au même dénominateur, j'aurais à retrancher $\frac{27}{63}$ de $\frac{49}{63}$; j'aurai, en complémentant sur 50, à ajouter 23 à 49, ce qui donnera 72, dont retranchant 50, on aura pour reste 22 : cé reste sera mon dénominateur; et $\frac{2\,3}{6\,3}$ exprimera la différence entre les fractions.

La preuve de la soustraction des fractions s'effectue en ajoutant la différence qu'on a obtenue à la fraction qu'on a soustraite; on doit retrouver pour somme la fraction dont on a soustrait; car en ajoutant la différence à un nombre ou ce qui lui manque pour l'égaler à un autre, les deux nombres doivent se trouver égaux.

MULTIPLICATIONS DES FRACTIONS.

1.º On multiplie une fraction par un entier en multipliant son numérateur par l'entier; car le numérateur indiquant combien on prend de parties de l'unité, si l'on multiplie par 2, par 3, &c., on prendra 2 fois, 3 fois, &c., autant de parties qu'auparavant; on aura donc multiplié la fraction par 2, par 3, &c.

2.º En faisant abstraction du dénominateur d'une fraction, on multiplie cette fraction par le dénominateur même; car une fraction n'est autre chose qu'une manière d'indiquer une division dont le numérateur est le dividende et le dénominateur est le diviseur: or, en faisant abstraction de ce dénominateur, on retrouve le dividende, ce qui prouve que la fraction qui représente le quotient a été multipliée par le diviseur, qui est ici le dénominateur.

3.º Pour diviser une fraction par un nombre entier, on multipliera son dénominateur par ce nombre; et partant de ces trois principes, on peut facilement déduire la règle à suivre pour multiplier une fraction par une fraction. Effectivement, soit proposé de multiplier $\frac{8}{9}$ par $\frac{6}{7}$, on multipliera $\frac{8}{9}$ par 6, en indiquant seulement l'opération, et on aura pour produit $\frac{8 \times 6}{9}$; comme ce n'était pas par 6 qu'il fallait multiplier, mais par $\frac{6}{7}$ qui n'en est que la septième partie, le produit $\frac{8 \times 6}{9}$ est donc sept fois trop fort; pour lui donner sa véritable valeur, on le divisera par 7, ce qui se fait en multipliant son dénominateur par 7; on obtiendra alors pour véritable produit $\frac{8 \times 6}{9 \times 7} = \frac{48}{63} = \frac{16}{21}$; ce qui fait voir que, pour multiplier une fraction par une fraction, il faut multiplier les numérateurs entre eux et les dénominateurs entre eux. On ne peut pas définir la multiplication des fractions comme l'on définit la multiplication des nombres entiers, c'est-à-dire, une opération par laquelle on se propose de répéter un nombre appelé multiplicande autant de fois qu'il y a d'unités dans un autre nombre appelé multiplicateur. C'est pourquoi on est obligé d'avoir recours à une autre définition, et l'on dira : *La multiplication en général est une opération par laquelle on se propose de composer ou de former avec le multiplicande un produit de la même manière que le multiplicateur se compose ou se forme avec l'unité* (1). Effectivement, si l'on avait à multiplier 5 par 3, on obtiendrait le produit en posant 5 + 5 + 5, ce qui donne 15 : on voit par-là que le produit 15 se forme avec 5, comme le multiplicateur 3 se forme avec l'unité; car 3 n'est autre chose que 1 + 1 + 1.

D'après cette définition, soit proposé de multiplier $\frac{9}{11}$ par $\frac{4}{5}$: c'est comme si l'on proposait de former avec $\frac{9}{11}$ une expression de la

_____

(1) Ce rapport avec l'unité, étendu à la puissance quelconque de 10, nous donne le principe le plus actif du calcul de la complémentation, qui n'est autre que la comparaison du complémentateur avec le complément, dans le rapport de ce même complémentateur avec les nombres fonctions du dividende ou du multiplicande : cette comparaison donne une première approximation. Le produit des complémens détermine définitivement le rapport.

même manière que $\frac{4}{5}$ se forme avec l'unité.
Or, $\frac{4}{5}$ représente les $\frac{4}{5}$ de l'unité : le produit
doit donc être les $\frac{4}{5}$ de $\frac{9}{11}$, c'est-à-dire, quatre
fois la cinquième partie de $\frac{9}{11}$; mais la cinquième partie de $\frac{9}{11}$ est $\frac{9}{11 \times 5}$ qui, répété
quatre fois, donne $\frac{9 \times 4}{11 \times 5}$ pour produit de
$\frac{9}{11}$ par $\frac{4}{5}$; ce qui fournit encore la règle ci-
dessus. La multiplication d'une fraction par
une fraction s'effectue donc par deux multiplications, celles des numérateurs entre eux
et des dénominateurs entre eux.

On peut employer la méthode de complémentation pour obtenir les produits ; nous
nous contenterons d'en donner quelques
exemples.

1.er Exemple.

Multiplier $\frac{97}{112}$ par $\frac{89}{103}$.

Je commence à multiplier 97 par 89
comme il suit :

$$C\ 3.\quad C\ 11.$$
$$97\quad \times \quad 89$$
$$8633.$$

On a pour produit des numérateurs 8633 ;

multipliant maintenant les dénominateurs 112 et 103 entre eux, on a

$$
\begin{array}{cc}
\overset{\smallfrown}{} 12. & \overset{\smallfrown}{} 3. \\
112 & \times \quad 103 \\
\multicolumn{2}{c}{11536.}
\end{array}
$$

Écrivant le produit 11536 au-dessous de 8633, il vient pour produit des deux fractions $\frac{8633}{11536}$.

2.e Exemple.

On veut multiplier $\frac{47}{58}$ par $\frac{53}{64}$; j'effectue le produit de 47×53 :

$$
\begin{array}{cc}
\overset{\smallfrown}{} 50. \; 3. & \overset{\smallfrown}{} 50. \; 3. \\
47 & \times \quad 53 = 2491.
\end{array}
$$

Ce nombre 2491 devient mon numérateur ; le produit de 58×64 est le dénominateur :

$$
\begin{array}{cc}
\overset{\smallfrown}{} 50. \; 8. & \overset{\smallfrown}{} 50. \; 14. \\
58 & \times \quad 64 = 3712 ;
\end{array}
$$

la fraction est donc $\frac{2491}{3712}$.

Si l'on avait un entier accompagné d'une fraction, à multiplier par un entier accompagné d'une fraction, on réduirait les entiers en fractions de même espèce que celles qui les accompagnent, et l'on opérerait ensuite comme à l'ordinaire.

8

DIVISION DES FRACTIONS.

D'après l'exposé que nous venons de faire de la multiplication des fractions, il sera facile d'établir la règle à suivre pour effectuer une division.

Soit proposé de diviser $\frac{10}{11}$ par $\frac{3}{4}$. On divisera $\frac{10}{11}$ par 3, ce qui se fait en multipliant le dénominateur, et l'on a $\frac{10}{11 \times 3}$. Ce quotient est quatre fois trop faible, puisque l'on a divisé par un diviseur quatre fois trop fort. Pour lui donner sa véritable valeur, on le multipliera par 4, ce qui se fait en multipliant le numérateur. On aura alors pour quotient de la division des deux fractions, $\frac{10 \times 4}{11 \times 3} = \frac{40}{33} = 1 + \frac{7}{33}$; ce qui fournit la règle suivante: Pour diviser une fraction par une fraction, *on multipliera la fraction dividende par la fraction diviseur renversée.*

On peut encore dire que le dividende est à l'égard du quotient ce que le diviseur est à l'égard de l'unité : effectivement, si l'on divise 24 par 6, on aura pour quotient 4; or, 24 est ici six fois 4, comme 6 lui-même est 6 fois l'unité; de sorte qu'en supposant qu'on eût à diviser $\frac{4}{11}$ par $\frac{3}{7}$, le dividende $\frac{4}{11}$ n'est ici que les $\frac{3}{7}$ du quotient, puisque le diviseur n'est lui-même que les $\frac{3}{7}$ de l'unité. On connaît donc les $\frac{3}{7}$ du quotient; il est facile alors d'en avoir le septième. Il suffit, pour cela, de diviser $\frac{4}{11}$, valeur des trois septièmes du quotient, par 3; ce qui se fait en multipliant le dénominateur par 3 : on obtient alors $\frac{4}{11 \times 3}$ pour septième partie du quotient; répétant sept fois cette septième partie, on aura enfin pour quotient définitif $\frac{4 \times 7}{11 \times 3} = \frac{28}{33}$; ce qui revient à la règle déjà énoncée ci-dessus.

D'après ce qu'on vient de dire, la division des fractions se ramène à une multiplication; par conséquent, comme la multiplication des fractions, elle pourra s'opérer par la complémentation.

S'il y avait des entiers qui accompagnassent les fractions, on les réduirait d'abord en fractions de même espèce que les fractions jointes, et ensuite on opérerait comme il est marqué ci-dessus pour les fractions proprement dites.

DU CALCUL DÉCIMAL.

Le calcul décimal n'offre de différence avec celui des entiers que parce qu'il obtient tous ses résultats à l'aide du jeu de la virgule. On sait que, pour la multiplication, on sépare dans le produit autant de chiffres décimaux qu'il y en a dans les deux facteurs; que, pour la division, on en met autant dans le quotient qu'il y en a de plus dans le dividende que dans le diviseur : ces modifications sont tellement simples, que la complémentation ne saurait y apporter d'abréviations. Nous n'appliquerons la complémentation qu'aux approximations par décimales et aux fractions décimales périodiques.

Des approximations à l'aide des fractions décimales.

La division offre un moyen très-actif d'approcher du quotient réel, en donnant des décimales fractionnaires; pour cela, à la suite du reste j'écris autant de zéros que je veux avoir de chiffres décimaux, et j'effectue la division : telle est la règle ordinaire; mais la

complémentation indique la règle suivante :
*Si vous voulez en décimales une approximation
première, qui donne autant de chiffres décimaux
qne vous avez de chiffres au quotient, à la suite
de l'unité ou complémentateur, écrivez le complément, et multipliez votre reste par ce nombre.*

1.ᵉʳ Exemple.

7864 à diviser par 93 me donne 84 pour
quotient et 52 pour reste : si je multiplie 52
par 107, j'ai 5564, dont les deux premiers
chiffres sont exacts et les deux autres appro-
chés ; mon quotient approximatif sera donc
84,5564. Si j'avais voulu une approximation
plus grande, à la suite de 107 j'écris le carré de
7, et j'ai pour multiplicateur 10749. Multipliant par 52, on obtient 558948, qui est
encore plus près du véritable quotient.

2.ᵉ Exemple.

On se propose d'avoir le quotient approché
de 82472 divisé par 9196 : d'abord je remarque que 82472 ne donnerait qu'un chiffre ;
je suppose à la suite 4 zéros, et mon divi-
dende se trouve transformé en 82472|0000.

Je multiplie la portion à gauche par 804, qui est le complément du diviseur, je l'écris sous mon dividende nouveau, et je fais la somme :

$$824720000$$
$$66307488 = 804 \times 82472$$
$$\overline{891027488.}$$

C'est une première approximation. Si l'on en voulait une deuxième, il faudrait ajouter 4 zéros à la suite et multiplier 6630 par 804 : on aurait, en ajoutant le produit, 896358008 plus près du vrai quotient ; le produit de 533 par 804 donnerait en définitive les douze premiers chiffres exacts.

3.ᵉ Exemple.

On veut avoir le quotient de 3190 par 981. Le quotient en nombres entiers est 3, avec un reste 247 : je multiplie le reste 247 par le complémentateur 1000, augmenté du complément de mon diviseur, ce qui me donne 1019 pour multiplicateur ; le produit est $1019 \times 247 = 251643$.

Mon quotient sera donc 3251643, très-approché, car les trois premiers chiffres décimaux sont exacts. Si cette approximation ne suffisait pas, je multiplierais le même nombre 247 par 361, carré du complément, et je l'écrirais en laissant dépasser de trois chiffres ; j'aurais donc :

$$251643$$
$$69167$$
$$\overline{251712167,}$$

quotient plus approché. Si l'on voulait une approximation encore plus approchée, à la place du carré de 19 ou 361, j'écrirais celui de 361, et je ferais la multiplication par ce nombre.

Lorsqu'on réduit une fraction ordinaire en fractions décimales, si le dénominateur n'est point un multiple de 2 ou de 5, la fraction décimale qui en résulte va à l'infini ; et les mêmes chiffres reviennent au bout d'un certain nombre de divisions. Ces fractions se nomment *périodiques*.

MÉTHODES COMPLÉMENTAIRES

Pour former les périodes décimales.

Nos méthodes pour former la période seront indépendantes de la division ordinaire.

Dans tout le cours de cette dissertation,
nous supposerons le numérateur être l'unité,
et le dénominateur, un nombre premier.

On doit voir aisément que la division se
faisant par le dénominateur, quoique le nombre
des chiffres décimaux soit infini, il ne peut y
avoir qu'un nombre de restes plus petits que
le dénominateur moins un, et qu'après un
certain nombre de chiffres on revient à l'unité.

Ce problème du nombre de chiffres que
doit contenir la période a bien occupé les
analystes; et avant nous, personne n'avait encore donné de théorème qui pût éclaircir
cette matière. On savait seulement que le
nombre des chiffres était toujours un des diviseurs du dénominateur, moins un (1).

_____

(1) Bernoulli, en appelant S le nombre de chiffres décimaux de la période, réduit le problème à rechercher
$\dfrac{10\,S - 1}{D}$, qui est toujours un nombre entier ; ou lorsque

Bernoulli a fait les remarques suivantes :
quand la période doit avoir autant de chiffres
que le dénominateur moins un, le reste qu'on
obtient après la moitié des chiffres est toujours
le dénominateur moins un ; par conséquent,
les chiffres de la deuxième partie de la période
sont les complémens des chiffres de la première partie.

PREMIÈRE MÉTHODE.

Elle consiste à multiplier le numérateur
par le nombre sur lequel se complémente le
dénominateur augmenté ou diminué du complément, et à juxta-poser les différentes puissances de ce complément.

1.er Exemple.

Soit à réduire en fractions périodiques $\frac{1}{7}$.

$S = D$, ou qu'il est égal à un multiple de $D - 1$, il s'écrie :
« Je doute fort qu'on puisse apercevoir dans ces résultats
» quelques lois qui fassent juger *absolument* de la valeur pré-
» cise de S, et même qui puisse faire trouver d'une manière
» effective, sans la division, le quotient de $\frac{10\,S - 1}{D}$; j'ai
» fait pour cela plusieurs essais infructueux. » (*Encyclopédie
méthodique*, article *Fractions décimales*) Nous allons indiquer
plusieurs méthodes, toutes indépendantes de la division, et
nous spécifierons le cas où jamais le nombre des chiffres
n'est $D - 1$; c'est là que se sont bornés nos efforts.

Le dénominateur se complémente sur 10. Je prends ce nombre, que j'augmente du complément 3, ce qui me donne 13. Je multiplie,

1.°	1 × 13........13	
2.°	3 × 3.........09	
3.°	9 × 3.........27	
4.°	27 × 3.........81	
5.°	81 × 3.........243	
6.°	243 × 3..........729	
7.°	729 × 3...........2187	
8.°	2187 × 3............6561	
9.°	6561 × 3.............19683	
10.°	19683 × 3..............59049	

$$14285688979.$$

2.ᵉ Exemple.

Soit la fraction $\frac{1}{97}$.

1.° Le complémentateur, augmenté du complément, égale......0103
2.° Le carré de 3........09
3.° Le cube de 3..........27
4.° La 4.ᵉ puissance.........81
5.° La 5.ᵉ.................243
6.° La 6.ᵉ...................729
7.° La 7.ᵉ....................2187
8.° La 8.ᵉ....................6561
9.° La 9.ᵉ de 3...................19683

$$0,010309278350515463783.$$

On doit voir que l'action des complémens
est la même pour $\frac{1}{7}$ et $\frac{1}{97}$, avec cette seule
différence que, dans le premier cas, $\frac{1}{7}$ n'a dépassé par la juxta-position des puissances
des complémens que d'un chiffre, tandis que,
dans la fraction $\frac{1}{97}$, on a dépassé de 2 chiffres ;
donc $\frac{1}{997}$ donnerait 1003009027081243729
&c., en dépassant de trois chiffres, au lieu
qu'à 7 on dépasse d'un seul, et à 97 de deux
chiffres, parce que dans le premier cas le complémentateur était 10^1 et dans le second $(10)^2$.

OBSERVATION IMPORTANTE.

Si le complément est inverse, alors les
puissances du complément que l'on juxta-pose
sont alternativement positives et négatives :
les puissances paires sont dans le premier cas ;
les puissances impaires dans le second.

Exemple,

Soit à réduire en fractions décimales la
fraction $\frac{1}{103}$. Le complément 3 étant inverse
ou négatif, je formerai deux tableaux, l'un
des puissances paires, et l'autre des puissances
impaires, en cette sorte : d'abord le com-

plémentateur 100 , diminué du complément 3 = 97.

La 1.re P. = 0003
La 3.e P. . . . 27
La 5.e P. . . . 24300000
La 7.e P. . . . 21870000
La 9.e P. . . . 196830000
La 11.e P. . . . 177147

0,0032724302188897007147

La 1.re P. de 3 = 0,100
La 2.e. 090000
La 4.e. 00810000
La 6.e. 7290000
La 8.e. 65610000
La 10.e. 59049
La 12.e. 531441

0100090081072965669102144 1
300272430218897007147

0,00970873567707766990306741   (1).

____

(1) Valeur exacte, à un billionième près, que les opérations ultérieures rectifieront.

Si nous appelons b la base décimale et égalant une puissance quelconque de 10, on verra que le cas du complément
inverse est $\dfrac{1}{b + c}$; donc on aura la différence entre ces

deux quantités, en faisant cette différence $x = \dfrac{1}{b - c} -$

$\dfrac{1}{b + c} = \dfrac{2c}{b^2 - c^2}$.

SECONDE MÉTHODE.

Dans le cas du même exemple de réduction de $\frac{1}{103}$, on arrivera plus promptement au même résultat en multipliant 97 par 9, carré du complément; ce produit donne 873; et comme on doit avoir quatre chiffres, il faudra intercaler zéro ; on aura donc, par cette première opération, 8 chiffres qui sont 0,00970873. Si l'on multiplie ces 8 premiers chiffres par 81, quatrième puissance du complément 3, on obtiendra autant de chiffres qu'il faudra juxta-poser aux huit premiers, ce qui donnera pour fraction

$$0,0097087378640713.$$

Multipliant ce résultat par la huitième puissance de 3, c'est-à-dire, par 6561, on trouvera un produit de 16 chiffres; et comme il ne doit être divisé que par l'unité suivie de 16 zéros, et juxta-posant ce produit, les deux premiers 63 de la gauche de ce produit seront placés sous le nombre 13, et l'on obtiendra alors les trente-quatre chiffres de la période,

$$0,0097087378640776699029126171799 3.$$

On voit aisément que les sept derniers chiffres seuls pêchent contre l'exactitude ; mais en multipliant ce dernier résultat par la seizième puissance de 3, on obtiendrait un nombre composé de 39 chiffres : et les 7 premiers, placés au-dessous des chiffres décimaux obtenus précédemment, corrigeraient cè résultat.

Au reste, dans l'exemple précédent, cette multiplication devient inutile, en ce que le commencement de la deuxième moitié de la période est connu par les complémens 99029129, de la première moitié 00970873 de la période ; c'est un des caractères auxquels on peut reconnaître que le reste des chiffres suit la même loi, ainsi elle commence au dix-huitième chiffre, et la période en aura, par conséquent, 34, qui est un des facteurs du nombre 103 — 1 (1).

---

(1) On verra dans la suite de ces élémens, les conditions algébriques qui ont déterminé le choix de cette méthode, qui fait dépendre la valeur de $\dfrac{1}{b+c}$ de celle de $\dfrac{1}{b-c}$, et réciproquement.

TROISIÈME MÉTHODE.

On sait que le dernier chiffre de la période doit être 9, lorsque le dernier chiffre
du diviseur est 1 ; qu'il est 3, lorsque ce dernier chiffre est 3 ; 7, lorsqu'il est 7 ; et 1,
lorsqu'il est 9 (1).

Cela posé, il est facile de former la période à rebours, c'est-à-dire, en commençant
par le dernier chiffre ; puis on obtient ceux
qui le précèdent. Il y a toujours un nombre
par lequel multipliant le dernier chiffre que
j'appelle *terminateur*, on trouve celui qui le
précède : multipliant ensuite ce dernier, on
trouve l'antépénultième. Exemple : soit la
fraction $\frac{1}{7}$, le chiffre terminateur est 7 ; le
multiplicateur constant est 5 dans ce cas.

Voici comment j'obtiendrai ma période :
le dernier chiffre de ma période ou le chiffre

---

(1) Remarque de Bernoulli. « Il n'est pas inutile, dit ce
» géomètre, d'observer que l'on sait toujours quel est le
» dernier chiffre du quotient périodique ; il doit être
» 9 lorsque le chiffre qui termine le diviseur est... 1.
» 3 . . . . 3.
» 7 . . . . 7.
» 1 . . . . 9. »

terminateur est 7; je le multiplie par 5 , ce
qui me donne 3 5 ; j'en écris les unités, et je
retiens les dixaines : 5 est donc le chiffre précédent de la période. Je l'écris à gauche de 7 ,
et j'ai les deux derniers chiffres 57 ; je continue de multiplier 5 par 5 , qui donne 25 :
j'augmente ce produit de ma retenue 3 , j'ai
28 ; 8 est mon chiffre à gauche, j'ai 3 chiffres
857 ; je multiplie 8 par 5 ou 40, que j'augmente de ma retenue 2 , j'ai 42 ; j'écris 2 , ce
qui donne les 4 chiffres 2857 ; le produit de
2 par 5 donne 10 , avec la retenue 4 me
donne 14 , j'écris 4 et retiens 1 ; multipliant 4
par 5 , j'ai 20, avec la retenue 1 donne 21 ;
j'écris 1 et retiens 2 : le produit 1 par 5 ou 5
augmenté de cette retenue 2 , me ramène 7
ou le retour de ma période.

La période ne devant être composée que
de six chiffres , je me suis arrêté à la sixième
multiplication, et au sixième chiffre.

J'aurais pu m'arrêter au troisième produit,
parce que la connaissance de la moitié de la
période , lorsqu'elle a un nombre pair de
chiffres ou lorsqu'elle est complète, donne la
connaissance de l'autre moitié, en complétant à 9 les autres chiffres, et parce que, con-

naissant les trois derniers chiffres 857, les trois premiers 142 en sont les complémens à 9.

2.ᵉ Exemple.

On veut avoir la valeur de $\frac{1}{13}$. Le terminateur de la période est 3 ; donc mon dernier chiffre sera 3 : le multiplicateur constant (1) est ici 4. Je multiplie 4 par 3, j'ai 12 ; j'écris 2 à côté du 3 et je retiens un : je multiplie 2 par 4, et avec la retenue 1, j'ai 8 + 1 ; donc mon troisième chiffre est 9, et mes trois derniers chiffres seront 923 : multipliant 9 par 4, j'ai 36 ; j'écris 6 et retiens 3, je multiplie 6 par 4, j'ai 24, avec la retenue 3 me donne 27; j'écris 7 et retiens 2 : je multiplie 7 par 4, avec la retenue j'ai 30 ; j'écris zéro, et je retrouve mon chiffre terminateur : donc la période $\frac{1}{13}$ = 0,076923.

3.ᵉ Exemple.

La fraction $\frac{1}{19}$ se trouvera de la même manière au moyen du terminateur et du module. Le module dans ce cas est 2 ; et nous avons, d'après la remarque de Bernoulli, la certitude que le terminateur du dénominateur de la

(1) Nous le nommerons *module*.

9

fraction étant 9, celui de la période sera 1 ; donc, avec ces deux nombres 1 et 2, nous pourrons opérer par la multiplication de la manière suivante.

Mon dernier chiffre est 1 ; je le multiplie par 2, j'ai pour avant-dernier chiffre 2 ; je l'écris à gauche de 1. Je continue à multiplier 2 par 2, 2 fois 2 font 4 ; ce nouveau chiffre obtenu, je l'écris à gauche de 2 : je dis ensuite, 2 fois 4 font 8, j'écris 8 à gauche de 4 ; 2 fois 8 font 16, j'écris 6 et retiens 1 ; 2 fois 6 font 12 et 1 font 13, on écrit 3 et on retient 1 ; 2 fois 3 font 6, avec la retenue 7, que j'écris ; 2 fois 7 font 14, on pose 4 et on retient 1 ; 2 fois 4 font 8, avec 1 donne 9, que j'écris ; 2 fois 9 font 18, j'écris 8 et retiens 1 ; et ainsi de suite : mais on peut s'arrêter à 9, car les chiffres à gauche sont les complémens sur 9 des 9 chiffres trouvés.

On en conclura que la période d'un dix-neuvième est $\frac{1}{19} = 0,0526315789473684211$.

Tout dépend, dans ce système de formation, de la connaissance du module. Nous allons donner empiriquement la loi de formation de ce module pour chacun des cas du terminateur ; réservant pour les notes ce que nous avons conclu de nos recherches algébriques sur cette matière.

1.° Quand le terminateur du dénominateur de la fraction est 1, celui du terminateur de la fraction est 9 ; le module alors est le produit des dixaines multipliées par 9, plus 1 ; ainsi :

```
Pour   1 le module est....... 1.
       11.................... 10.
       21.................... 19.
       31.................... 28.
       41.................... 37.
       51.................... 46.
       61.................... 55.
       71.................... 64, &c.
```

2.° Quand le terminateur du dénominateur de la fraction est 3 , le module sera trois fois les dixaines plus 1 ; ainsi :

```
Pour   3 le module est....... 1.
       13.................... 4.
       23.................... 7.
       33.................... 10.
       43.................... 13.
       53.................... 16, &c.
```

3.° Quand le terminateur du dénominateur

de la fraction est 7 , le module est sept fois les dixaines plus 5 ; ainsi :

Pour   7 le module est....... 5.
         17 .... 12.
         27 .... 19.
         37 .... 26.
         47 .... 33.
         57 .... 40 , &c.

4.° Si le terminateur du dénominateur de la fraction est 9, le module sera les dixaines plus 1 ; ainsi :

Pour   9 le module est........ 1.
         19 .... 2.
         29 .... 3.
         39 .... 4.
         49 .... 5.
         59 .... 6 , &c.

Si l'on examine que, le premier module étant connu une fois, les autres vont en progression arithmétique, dont la différence est

Pour le terminateur 1 .... 9.
                    3 .... 3.
                    7 .... 7.
                    9 .... 1 (1).

On aura un moyen de former les périodes

_____

(1) Cette différence est le terminateur périodique.

par la multiplication au lieu de les obtenir par la division.

QUATRIÈME MÉTHODE.

Cette méthode, que nous ne ferons qu'exposer ici, conduit très-rapidement au résultat, en faisant, par la connaissance d'un certain nombre de chiffres terminateurs, obtenir de suite autant de chiffres qu'on en a déjà.

1.ᵉʳ Exemple.

On connaît 2 chiffres terminateurs de la période de $\frac{1}{83}$; ils sont 53 : on veut avoir les autres 2 à 2. Le module de 83 est 25 ; je carre 25, qui me donne 625 ; je divise ce nombre par 83, j'ai pour reste 44, qui sera mon nouveau multiplicateur.

J'aurais ainsi 2332 ; j'écris 32 et retiens 23 ; je multiplie 32 par 44, j'ai 1408 ; j'écris 08 augmenté des 23 de retenue ou 31 ; je continue de la même manière.

2.ᵉ Exemple.

On veut former 2 à 2 la période de $\frac{1}{47}$, dont les deux derniers chiffres terminateurs son 17 et le module 33 : j'élève 33 au

carré, ce qui me donne 1089 divisé par 47 ;
le reste est 8 : donc mon nouveau module
est 8. Je multiplie 17 par 8, j'ai 136, j'écris
36 à côté de 17 et retiens 1 ; je multiplie 36
par 8, qui me donne 288, j'écris 89 et je
retiens 2 ; je continue ainsi de suite.

A l'aide des 3 derniers chiffres, je puis obtenir 3 chiffres de suite par une seule multiplication ; pour cela il ne faut que cuber le
module, diviser par le dénominateur de la
fraction, et le reste deviendra le nouveau
module pour avoir trois chiffres à-la-fois.

Cette théorie acquerra dans la suite un
grand degré de généralité.

Pour éviter la formation des puissances
successives du premier module, quand on
connaîtra deux modules consécutifs, il suffira
de former le produit, de le diviser par le dénominateur, et le reste sera le nouveau module qui servira de multiplicateur pour un
chiffre de plus.

1.ᵉʳ Exemple.

Soit la fraction $\frac{1}{109}$. J'ai pour premier
chiffre terminateur 1 ; j'ajoute 1 au nombre
des dixaines, ce qui me donne 11 pour mul-

tiplicateur ou module, 1 pour le second des chiffres terminateurs, et par conséquent 11 pour les 2 derniers chiffres. J'élève le multiplicateur 11 au carré, ce qui me donne 121, qui, divisé par 109, donne pour quotient 1, et pour reste 122 : ce reste est le *second module*, ou le nombre par lequel il faut multiplier les deux chiffres terminaux 11, pour avoir la période par deux chiffres successifs.

Voici le type de cette opération :

```
2 chiffres terminateurs.................11
1.º multiplier     11 par 12..........132
2.º               132 par 12.......1584
3.º              1584 par 12....19008
4.º             19008 par 12.228096
                                ─────────
                            8623853211
```

Cette opération a fourni 10 chiffres ; en continuant de même chaque opération, on aura deux chiffres de plus.

2.ᵉ *Exemple.*

Prenons la même fraction, et cherchons à obtenir 3 chiffres à-la-fois, au moyen des 3 derniers 211. Pour cela, j'élève au cube le module 11, ce qui me donne 1331, que je divise par 109. J'ai pour quotient 12, que je néglige, et pour reste 23, qui est mon troisième ou nouveau module.

1.°   3 chiffres terminateurs..........211
2.°   211 multipl. par le module 23..4853
3.°   4853 par 23............111619
4.°   111619 par 23........2567237
5.° 2567237 par 23....59046451
                                          ―――――――――
                                   018348623853211

Pour trouver le quatrième module, au lieu de former la quatrième puissance, et de chercher le reste de la division de cette puissance par le diviseur, on multipliera le premier module 11 par le premier module 23, ce qui donnera 253, qui, divisé par 109, donne 2 pour quotient à négliger, et 35 pour reste ou module.

J'aurais obtenu le même module en divisant 25641 par 109.

J'aurais pu carrer le second module 12; et après la division par 109, j'aurais obtenu pour reste le même nombre 35. En général, les modules que l'on multiplie doivent être tels, que la somme de leur index ou de leur rang soit égale à celle des puissances du premier module.

3.ᵉ Exemple.

Sur la même fraction.

Les 4 chiffres terminateurs............3211
1.°   3211 multiplié par 35.......112385
2.° 112385 par 35.........3933475
3.° 3933475 par 35...137671625

_____

            6720183486238 53211

Les seize chiffres terminateurs appartiennent à la période.

4.ᵉ Exemple.

Pour obtenir le multiplicateur des seize chiffres déjà trouvés, j'élève le quatrième module 35 à la quatrième puissance; et divisant par 109, j'ai 22 pour reste et pour seizième module, que j'aurais également obtenu en multipliant le huitième module 26 par lui-même, et divisant toujours par 109.

1.° Seize chiffres terminateurs 2018348623853211
2.° Leur produit, par 22 = 4,4403669724770642
3.° Leur produit, par 22,
     donnera..........97,6880733944954124
et pour 49 chiffres 6880733944954128440366 9724
     7706422018368623853211.

DE LA VALEUR DES FRACTIONS PÉRIODIQUES DÉCIMALES.

Nous terminerons ce que nous avons à dire sur les fractions périodiques décimales, en donnant quelques notions sur leur valeur et les méthodes pour les apprécier.

La règle donnée jusqu'à ce jour paraît si simple, que l'on ne penserait pas pouvoir indiquer des procédés plus expéditifs et plus appropriés aux besoins de la pratique. La règle ordinaire consiste à écrire les chiffres de la période, comme étant un numérateur, et à donner à ce numérateur, pour dénominateur, autant de 9 qu'il y a de chiffres dans la période.

Ainsi la période 0,02439 aura pour valeur une fraction dont le numérateur sera 02439, et le dénominateur 99999 ou $\frac{2439}{99999}$; en cherchant le plus grand commun diviseur, on trouvera le numérateur même, et la fraction réduite sera $\frac{1}{41}$.

Le mode d'évaluation des fractions périodiques implique la nécessité de connaître toute la période, et n'est qu'un cas particulier de celle que nous exposons. Si l'on veut avoir la valeur de la fraction qui a produit une portion de période décimale quelconque, ajoutez 1 au numérateur, et au dénominateur le complément du reste sur le dénominateur. Exemple : je sais qu'une période donne pour ses 6 premiers chiffres 0,043478, avec un reste 6 ; je veux avoir la valeur : j'ajoute à l'unité, suivie de six zéros, le complément de 6 sur 23 ou 17, et un au numérateur, j'ai $\frac{43479}{1000017}$; les deux nombres sont divisibles par 9, parce qu'ils donnent 9 pour somme de chiffres ; ma première réduction en divisant par 9 sera $\frac{4831}{111117}$.

Nous donnerons la démonstration de cette propriété dans les notes : mais nous devons, dans cette circonstance, faire connaître une propriété qui rend dans la pratique cette règle très-importante et d'une exécution très-facile.

On sait que si le nombre des chiffres d'une période est pair lorsqu'on est arrivé à la moitié, l'autre moitié est les complémens de 9 ; cette dernière propriété n'a lieu que parce que (et Bernoulli l'a remarqué avant nous) le reste qui arrive alors est toujours le dénominateur de la fraction moins 1 : alors on comprend que le complément de ce reste sur le dénominateur étant 1, il faudra ajouter 1 au numérateur et au dénominateur, pour avoir la valeur de la période. Je vais faire sentir cette méthode et son avantage.

1.er Exemple.

On demande la valeur de la période 0,076923. Je prends les 3 premiers chiffres qui sont 076; j'ajoute 1, mon numérateur est 77; j'ajoute 1 à l'unité, suivi de 3 zéros pour former le dénominateur, j'aurai $\frac{77}{1001}$; divisant les deux par 7 j'ai $\frac{11}{143}$; divisant par 11 j'ai $\frac{1}{13}$, pour la valeur de ma période.

2.e Exemple.

On demande la valeur de 0,01369863, qui a 8 chiffres. Elle sera en ajoutant 1 aux quatre premiers chiffres et à l'unité, suivi de quatre zéros $\frac{137}{10001}$; divisant haut et bas par 137, j'en obtiens $\frac{1}{73}$, qui est la valeur de ma période.

C'est une propriété curieuse et dont nous avons tiré plusieurs corollaires, que ce moyen d'obtenir que le dénominateur devienne multiple du numérateur dans des circonstances données : mais ces recherches nous meneraient trop loin ; elles tiennent à la théorie des nombres, et dépassent les connaissances élémentaires ; car c'est une théorie inverse de celle des restes, et qui présente des résultats souvent inattendus. La science des chiffres plus qu'aucune autre, dès quelle montre une route nouvelle, donne des ressources qui viennent agrandir son domaine au-delà des espérances premières.

FORMATION DES PUISSANCES.

On nomme *puissance d'un nombre*, ce nombre multiplié un certain nombre de fois par lui-même.

On voit que l'exaltation des puissances est une multiplication répétée.

La première puissance est le nombre même ; on l'appelle encore *racine première*.

Si le nombre est deux fois facteur, on a la deuxième puissance de ce nombre, qui est appelée *carré*. Ainsi le carré, ou la deuxième puissance d'un nombre, signifie le produit du nombre par lui-même.

Si le nombre est trois fois facteur, ou si l'on multiplie le carré par la première puissance, on aura un produit qui sera appelé *cube*.

La quatrième puissance, ou le bicarré, est le produit du cube par la première puissance (1).

D'après ces définitions, il est naturel de conclure que la multiplication d'un nombre par lui-même n'étant qu'une opération pratiquée par les procédés ordinaires, on pourrait, dans l'hypothèse de la complémentation, y employer tous les moyens ci-dessus indiqués : cependant le cas particulier dans lequel se trouve ce produit, de résulter de la multiplication du même facteur, doit amener des procédés nouveaux. C'est à leur recherche que sera consacrée cette nouvelle portion de nos élémens : mais comme les élémens n'embrassent le plus ordinairement que les cas du carré et du cube, nous n'étendrons pas nos méthodes au-delà du carré et du cube pour la formation des puissances; et, pour le retour de la puissance à la racine, nous ne donnerons de méthodes que pour la racine carrée et la racine cubique.

Avant d'entrer en matière, nous croyons utile de donner une table des carrés et des

---

(1) En général, le degré d'une puissance se mesure par le nombre de fois que la première puissance est facteur; et dans les grandeurs littérales, par le nombre d'unités de l'exposant.

cubes pour les neuf premiers chiffres simples.
On sait, comme nous l'avons dit dans les notions préliminaires placées à la tête de nos élémens, que la puissance de 10 se mesure par
le nombre de zéros qui se trouvent à la suite
de l'unité.

1.res puissances.. 1, 2, 3, 4, 5, 6, 7, 8, 9.
2.mes p.^{ces} ou carrés 1, 4, 9, 16, 25, 36, 49, 64, 81,(1).
3.mes p.^{ces} ou cubes. 1, 8, 27, 64, 125, 216. 343, 512, 729,(2).

---

(1) De ce que le plus petit nombre composé de deux
chiffres, qui est 10, lorsqu'il est multiplié par lui-même
donne 100 ou 3 chiffres, on voit que tout nombre de deux
chiffres aura au moins trois chiffres à son carré; mais le
plus grand nombre composé de deux chiffres, 99, a pour
carré 9801, et par conséquent quatre chiffres; donc : lorsqu'un nombre est composé de deux chiffres, son carré a
plus de deux chiffres et n'en a pas plus de quatre. On voit
de même que le plus petit nombre de trois chiffres, ou 100,
a pour carré l'unité suivie de quatre zéros, et que le plus
grand nombre de trois chiffres, qui est 999, a pour carré
998001 et n'a pas plus de six chiffres : on en conclura que,
lorsqu'un nombre est composé de trois chiffres, il a au
moins cinq chiffres et pas plus de six. La même forme de
raisonnement aura lieu pour un nombre de quatre chiffres.
Donc toute puissance deuxième ou le carré d'un nombre, si
on la partage en tranches de deux chiffres, en commençant
par la droite, aura autant de tranches de deux chiffres que
le nombre a de chiffres : la dernière tranche à gauche peut
n'avoir qu'un chiffre.

(2) Le même raisonnement, appliqué au cube, nous ap-

1.re SECTION.

De la Formation du carré.

Le carré, comme on l'a vu ci-dessus, est le produit d'un nombre par lui-même, et s'obtient par la multiplication : ainsi, en multipliant 8 par 8, j'aurai 64, qui sera le carré de 8.

La méthode ordinaire de former le carré est de le produire par l'évaluation des parties qui le constituent. Pour cela, si l'on suppose un nombre composé de dixaines et d'unités, et qu'on les multiplie par elles-mêmes, on aura le carré des dixaines, le double produit des dixaines par les unités, et le carré des unités. A l'aide de ces parties je fais mon carré.

1.er Exemple.

On propose de former le carré de 83. Je partage mon nombre en deux parties : 80, ou les dixaines, et 3, ou les unités. Voici le figuré de l'opération :

6400 carré des dixaines 80.

480 } double produit des dixaines par les unités ou 80 × 6.

09 carré des unités ou carré de 3.

——

6889.

---

prendra qu'un cube a autant de tranches de trois chiffres que le nombre a de chiffres à sa première puissance : la dernière tranche peut n'avoir qu'un ou deux chiffres.

La multiplication ordinaire peut servir de preuve.

2.ᵉ Exemple.

Je veux obtenir le carré de 79.

```
4900  carré des dixaines.
1260  double produit des dixaines par les unités.
  81  carré des unités.
----
6241  carré total.
```

On peut se dispenser d'écrire les zéros à la droite; il faudra seulement faire dépasser, en l'écrivant, chaque partie d'un rang vers la droite.

3.ᵉ et dernier Exemple.

On veut élever 67 au carré ; supprimant les zéros, j'opère ainsi :

```
36   carré des dixaines.
84   double produit des dixaines par les unités.
49   carré des unités.
----
4489  carré total.
```

En effet, si les dixaines sont désignées par D, et les unités par V, on aura $(D \pm V)^2 = D^2 \pm 2DV + V^2$ (') $= D(D \pm 2V) + V^2$ (²). La première notation du carré nous donne le moyen indiqué de faire le carré

10

par parties, et la deuxième, modifiée, nous apprendra à le former par complémentation (1).

En effet, D^2 est le carré de D ou des dixaines ; 2° $\pm$ 2 $D\,V$ est deux fois le produit de D, ou les dixaines par V, ou les unités; 3° V^2 est le carré des unités.

Pour aider la mémoire, au lieu de l'expression pour le carré de $D \pm V$, nous choisirons celle de $b \pm c$, b étant une puissance quelconque de la base, et, dans notre numération, cette lettre b vaut, suivant les cas, 10, 100, 1000, 10000, &c. Quant à c, il sera le complément de b ; de sorte que si le nombre est $b - c$, le complément sera direct, et si l'ex-

---

(1) Un des principes les plus féconds dans l'action du calcul, est celui qu'Euler a développé. Quand deux quantités entrent dans un calcul avec les mêmes propriétés, elles se présentent dans le résultat avec des propriétés analogues; ainsi, dans ce cas, D et V sont toutes deux élevées au carré, et le double produit de l'une par l'autre est une propriété commune à toutes deux ; de sorte que, si V avait été transformée en D, elle aurait produit l'équation $V^2 + 2\,VD + D^2$. Les quantités qui entrent dans ce calcul avec des qualités dissemblables, ont, dans le résultat, des propriétés en raison de ces dissemblances. Ainsi $(D - V)$ élevé au carré donne $D^2 - 2\,D\,V + V^2$: l'action finale est en raison du mouvement initial.

pression du nombre est $b + c$, le complément
sera inverse.

L'expression de la formule du carré de
$b - c$ sera $b^2 - 2bc + c^2 = b(b - 2c) + c^2$; le dernier membre de l'équation se
peut lire ainsi : ôtez le complément c du nombre
$b - c$, vous aurez $b - 2c$; ce sera la partie
du carré renfermée entre parenthèses; multi-
pliez-la par b, vous aurez *la partie décadaire*.
La partie décadaire formée, ajoutez ou plutôt
juxta-posez le carré du complément, et vous
aurez votre carré total.

$1.^{er}$ *Exemple.*

On demande le carré de 98. Ici $b = 100$:
$b - 2c$ sera (à cause de $c = 2$) 96; $b(b - 2c) = 100(96) = 9600$, et $c^2 = 4$: donc
le carré total sera 9604. Voici l'opération
figurée :

Partie décadaire...... $9600 = (98 - 2) \times 100$.
Carré complémentaire.   4
                        ____
     Carré total.... 9604.

2.ᵉ Exemple.

On demande le carré de 83 ; je figure ainsi l'opération :

C 17.
$(83)^2 =$
Partie décadaire..... $6600 = (83 - 17) \times 100.$
Carré complémentaire. 289

Carré total.... $6889.$

Cet exemple est le même que l'exemple ci-dessus.

3.ᵉ Exemple.

On demande quel est le carré de 986.

C 14.
$(986)^2 =$
Partie décadaire.... $972000 = (986 - 14) \times 100$
Carré complément.ʳᵉ. 196

Carré total.... $972196.$

Si le complément était inverse, alors, au lieu de le retrancher, il faudrait l'ajouter pour former la partie décadaire, et, comme dans les cas précédens, ajouter le carré complémentaire (1).

_____

(1) Pour voir la raison de ce changement, il ne faut que

1.ᵉʳ Exemple.

On demande le carré de 118 ; j'opère ainsi :

⊃ 18.

$(118)^2 =$

Partie décadaire........ 13600

Carré complémentaire..   324

Carré total....... 13924.

2.ᵉ Exemple.

Quel est le carré de 1041 ! Voici le figuré de l'opération :

$(1041)^2$

  ⊃ 41.

  1041 =

Partie décadaire....... 1082000

Carré complémentaire.   1681

Carré total.... 1083681.

On pourrait, quand le carré complémentaire n'a pas plus de chiffres que le complémentateur, se dispenser d'écrire les zéros et

---

se servir de la formule $(b + c)^2$ au lieu de $(b - c)^2$, on aura la décomposition de $b^2 + 2bc = b(b + 2c)$, égal au nombre augmenté du complément ; donc en multipliant par b, on obtiendra la partie décadaire.

l'ajouter; effectivement il faudrait se contenter de juxta-poser le carrré complémentaire.

Exemple.

On a le nombre 9981 à élever au carré. De 9981 j'ôte 19, complément de ce nombre, et j'ai ma partie décadaire 9962 ; je juxta-pose 361, en intercalant un zéro, parce que la complémentation est sur 10000 ; j'ai pour carré 99620361.

Dans ces cas, on peut obtenir, par le seul secours de la mémoire, immédiatement les carrés, lorsqu'ils sont voisins des puissances de dix.

Si le nombre qu'on veut carrer se complémente sur une fraction de la puissance de dix, comme $\frac{10^n}{2}$ ou 50, 500, 5000, après avoir fait subir au nombre l'action complémentaire, il faut en prendre la moitié pour avoir la partie décadaire ; ensuite on formera le carré complémentaire, qu'on juxta-posera (1).

---

(1) La formule est $\left(\dfrac{b}{m} - c\right) \times \left(\dfrac{b}{m} - c\right) =$ $\dfrac{b^2}{m^2} - \dfrac{2bc}{m} + c^2 = \dfrac{b}{m}\left(\dfrac{b}{m} - 2c\right) + c^2$, où la

Exemple.

On demande le carré de 482. De 482 j'ôte 18, complément sur 500, j'ai 464; sa moitié, 232, est ma partie décadaire : le carré de 18, ou 324, est mon carré complémentaire, que je juxta-pose.

On pourrait prendre les carrés sur $\frac{100}{4}$, $\frac{1000}{4}$, $\frac{10000}{4}$, ou 25, 250, 25000, si les nombres étaient voisins de ces fractions des puissances de 10. Alors, après avoir employé le complément, soit directement, soit indirectement, on prendra le quart du reste, suivi d'autant de zéros que le marque le degré de la puissance; on juxta-posera le carré complémentaire.

Si le nombre devait se complémenter sur $\frac{1000}{8}$, $\frac{10000}{8}$, ou 125, 1250, on opérerait de même pour obtenir la partie décadaire; il faudrait alors prendre le huitième.

1.er Exemple.

On veut avoir le carré de 1223. Je com-

partie décadaire s'obtient en retranchant deux fois le complément du nombre à carrer et en divisant ensuite par *m*. On ajoutera le carré complémentaire pour avoir le carré total.

plémente sur 1250 ou $\frac{10000}{8}$; de 1223 j'ôte
27, complément de ce nombre sur 1250, dont
le $\frac{1}{8}$ est $\frac{11960000}{8}$ = 1495000 ; j'ajoute 729,
carré du complément 27 ; j'ai 1495729, carré
de 1223.

2.ᵉ Exemple.

On demande le carré de 2629. Je complémente sur 2500 ; j'ajoute 129 avec 2629, j'ai
2758 ; j'en prends le quart, après l'avoir fait
suivre de quatre zéros, j'ai pour partie décadaire 6895000. J'ajoute le carré complémentaire de 129, que je forme d'après l'exemple
précédent , j'ai 16641 ; pour carré total ,
6911641. La formation du carré complémentaire est un nouvel exemple ; car, pour former
le carré de 129, à 129 j'ajoute 4, ce qui
m'a donné 133000 ; je prends le huitième,
16625 ; ajoutant 16, carré de 4, complément
de 129 sur 125, j'ai 16641. Au lieu d'ajouter
ou de retrancher le complément, on peut
avoir plus rapidement la partie décadaire : en
doublant le nombre qu'on veut carrer , on retranche le complémentateur , le reste est la
partie décadaire. Ainsi, dans notre exemple,

je double 2629, j'ai 5258; je retranche 2500,
j'ai 2758 pour partie décadaire.

J'indique ce moyen, parce que l'inverse
facilite le retour de la puissance à la racine.

Si, au lieu de complémenter sur une fraction de 10 ou de ses puissances, on voulait
prendre le complément sur un des multiples,
on opérerait d'abord l'action complémentaire,
c'est-à-dire que l'on ajouterait ou que l'on
retrancherait le complément suivant sa nature,
et qu'on multiplierait par le multiple de 10
ou 100; le produit serait la partie décadaire du carré, et l'addition ou la juxta-
position du carré complémentaire donnerait
le carré total. Nous allons présenter quelques
exemples (1).

1.er Exemple.

Je veux former le carré de 76. Je complé-

---

(1) On a dans tous les cas de cette espèce $(m\, b \pm c)^2 =$
$m^2\, b^2 \pm 2\, m\, b\, c + c^2$ ou $m\, b\, (m\, b \pm 2\, c) + c^2$; donc il
faut lire la formule ainsi : le nombre $m\, b \pm c$ doit être modifié en ajoutant ou en retranchant c. On mettra à la suite
autant de zéros que le marque la puissance de b. On multipliera par m, ce sera la partie décadaire; enfin on ajoutera
le carré complémentaire c^2.

mente sur 80 > 76, et j'ai 72 × 80 pour partie décadaire, ou 5760; ajoutant 16, carré complémentaire, j'ai 5776 pour carré total. J'aurais pu complémenter sur 70, et j'aurais eu 82 × 70 pour partie décadaire, ou 5740; ajoutant 36, carré complémentaire, j'aurais encore eu 5776.

2.ᵉ Exemple.

On demande le carré 589. La partie décadaire, en complémentant sur 600, sera $578 \times 600 = 346800$; ajoutant le carré complémentaire 121, on aurait 346921; en complémentant sur 500, j'aurais eu pour partie décadaire 3390; ajoutant $7921 = (89)^2$, j'aurais eu de même 346921.

3.ᵉ et dernier Exemple.

Quel est le carré de 4951 ? Comme ce nombre peut se complémenter sur 5000, j'aurai, pour partie décadaire, $4902 \times 5000 = 24510000$; ajoutant $2401 = (49)^2$, j'ai mon carré total, 24510401.

On peut juger, par ces exemples, de la rapidité d'exécution qu'apporte la complémentation dans la formation des puissances : cependant , les règles à suivre pour opérer le retour de la puissance à la racine ont bien plus de célérité encore.

DE L'EXTRACTION DE LA RACINE CARRÉE.

Reprenons la formule du carré. Si nous représentons un nombre par $10^n - a$, 10^n sera la plus haute puissance de 10, et a le complément sur cette puissance. Pour plus de simplicité, et pour nous débarrasser de l'exposant, représentons l'unité suivie d'autant de zéros qu'il y a d'unités dans l'exposant n par b, et que c soit son complément : alors nous aurons $b - c$ pour le nombre, et $b^2 - 2bc + c^2$ pour le carré. Si, faisant abstraction de c^2, nous divisons par b, nous aurons $b - 2c$ pour partie décadaire. Mais le nombre est $b - c$; donc, en ajoutant b ou l'unité suivie d'autant de zéros que l'indique la puissance, on aura $2b - 2c$, dont la moitié $b - c$ sera le nombre. Donc, par la simple division par 2, on obtient la racine, on forme le carré complémentaire, et on le retranche ; si la soustraction se fait, cette moitié est la racine.

Appliquons ce mouvement à une racine

carrée qu'il s'agit d'extraire. On demande la
racine carrée de 8464; à ce nombre j'ajoute
l'unité suivie de quatre zéros, ou, ce qui revient au même, je mets devant mon nombre
une unité, j'ai 18464. La puissance a quatre
chiffres ou deux tranches; donc la racine aura
deux chiffres; donc ma partie décadaire sera
84; donc la moitié de 184 doit me donner
ma racine présumée; cette moitié est 92. Je
prends le complément 8 et je le carre : comme
le carré de 8, ou 64, est précisément égal à 64
ou la première tranche à droite, je conclus que
92 est ma racine.

Autre Exemple

On demande la racine carrée de 938961.
Ce nombre a six chiffres, donc il y a trois
chiffres à sa racine; je prends donc à droite
trois chiffres, devant lesquels plaçant l'unité,
j'obtiens 1938, dont la moitié 969 est ma racine présumée; 31 est le complément : 31 a
pour carré 961, qui est précisément la portion laissée à droite; donc la soustraction du
carré complémentaire se fait sans reste, donc
969 est ma racine.

Je dis qu'on a la racine ou approchée ou présumée ; car le complément, étant très-grand, peut influer assez pour que des chiffres passent et entrent dans la portion décadaire. On s'en aperçoit quand le carré complémentaire a des unités d'un ordre supérieur à la puissance.

On se propose d'avoir la racine carrée de 87689766 ; il y a huit chiffres, donc ma racine aura quatre chiffres. Je prends les quatre premiers chiffres 8768 ; je les fais précéder de l'unité, j'ai 18768 ; je prends la moitié, qui est 9384, le complément est 616 ; je le carre, j'ai 379456 > 9766 de près de trente-huit unités supérieures à la puissance, donc ma racine est trop grande d'au moins 19 ; j'en ôte 20, j'ai donc pour racine présumée 9364 ; carrant 636, j'ai 404496 < 409766, ou les quatre chiffres avant la partie décadaire précédés de 40 double de 20, dont j'ai diminué ma racine.

Pour avoir la partie décadaire, on peut l'obtenir par cette considération : $b - 2c$ est le complémentateur moins deux fois le complément ; si on prend la différence après la division par b entre cette portion retranchée et b, on aura le double du complément ; prenant la moitié de cette différence, on aura le complément ; on l'ajoutera à la portion retranchée, et ce sera la racine présumée.

Soit proposée l'extraction de ce nombre 8659 : il y aura deux chiffres à la racine, car le nombre a deux tranches ou quatre chiffres ; 86 m'exprimera ma partie décadaire ; je retranche 86 de 100 complémentateur, et 14 est le double de mon complément ; sa moitié 7 sera le complément ; je l'ajoute à 86, et j'ai 93 pour racine présumée. Je fais le carré complémentaire 49, et je le retranche de 59, il reste 10 : ma racine est 93, et le reste est 10.

Je pourrais appliquer chacun des procédés inverses de ceux détaillés, dans la formation des puissances ; mais pour ne pas prolonger ce traité, je me bornerai à cette règle générale.

Séparez le nombre à extraire en tranches de deux chiffres, en commençant par la droite, de sorte que la dernière tranche peut n'avoir qu'un chiffre ; prenez dans la première tranche à gauche le carré parfait qui y est contenu (*voir* la table au commencement de cette section) ; faites suivre ce carré d'autant de zéros qu'il en faut pour qu'il en ait autant que vous voulez en avoir à la racine ; ajoutez ce carré ainsi

transformé à autant de chiffres que vous avez
mis de zéros; prenez la moitié, et divisez par
la racine du carré ajouté; vous aurez la racine
présumée : en formant le carré complémentaire,
vous aurez le moyen de l'éprouver.

1.er Exemple.

J'ai à extraire 678464. J'ai six chiffres,
donc j'ai trois chiffres à la racine : la première
tranche est 67, le carré le plus voisin est 64;
comme je dois avoir trois chiffres à ma racine,
je fais suivre 64 d'un zéro, ce qui donne 640,
que j'ajoute à 678; j'ai 1318 pour somme,
j'en prends la moitié 659; divisant 6590, par 8,
j'ai 823 pour racine présumée, avec un reste 6,
que je double et fais suivre de deux zéros, j'ai
1200; ajoutez 464, somme 1664; je forme
le carré complémentaire de 23, qui est 529;
en le retranchant de 1664, il me reste 1135 :
donc ma racine est 823 et mon reste 1135.

2.e Exemple.

On propose d'extraire la racine carrée de
1287. Il n'y aura que deux chiffres à la racine :
je prends les deux chiffres de la première
tranche à gauche; je les augmente de 9, plus

grand carré de la tranche 1 2, j'ai 2 1 pour somme ; je fais suivre d'un zéro 2 1 0, la moitié est 1 0 5 ; je prends le tiers de 1 0 5, et comme il me donne 3 5, c'est ma racine présumée : le complément de 3 5 sur 3 0 est 5 ; retranchant le carré de ce nombre du reste 8 7, il y a 6 2 pour reste ; donc ma racine est 3 5, et mon reste 6 2.

On remarquera que jamais un reste ne doit être plus grand que deux fois la racine plus 1 (1) ; si cela arrivait, on aurait une certitude que la racine est trop petite : ainsi, dans l'exemple précédent, si je n'avais pas fait suivre 2 1 d'un zéro, et que j'eusse eu 1 0 0, le tiers eût été 3 3 ; retranchant le carré du complément 9 de 1 8 7, que j'avais de reste, j'aurais eu $178 > 67$, double de la racine plus 1 ; on en conclut que la racine est trop petite : mais on a $178 > 62 \times 2$; donc la racine est trop petite d'au moins deux unités.

3.ᵉ Exemple.

864768 est proposé pour en avoir la racine. Voici le figuré de l'opération :

---

(1) Car la différence des carrés consécutifs de a et de $a + 1$, est $2a + 1$.

$$
\begin{array}{r|l}
864 & 768 \\
\end{array}
$$

J'ajoute le plus grand carré... 81

Somme................. 1674
Moitié suivie de zéro....... 8370
Neuvième de ce nombre.... 930
Carré complémentaire..... 900 > 768.
Racine diminuée de 1...... 929 : c'est ma racine
exacte.

Nouveau carré complémentaire 841 < 2568 de 1727 (1).

4.ᵉ Exemple.

Quelle est la racine de 384676?

Opération figurée.

$$
\begin{array}{r|l}
384 & 676 \\
\end{array}
$$

J'ajoute le plus grand carré... 360

Somme................. 7440
Moitié................. 3720
Sixième, ou racine présumée.. 620
Carré complémentaire...... 400 < 676 de 276.

Ma racine sera donc 620, et mon reste 276.

---

(1) J'ai diminué ma racine de 1 ; mais j'ai pris le neuvième et la moitié, ou le dix-huitième ; je dois donc ajouter 1800 à 768, et j'ai 2568.

I 1

L'avantage le plus grand de cette méthode
est d'offrir un moyen d'approximation : pour
cela, à la suite du nombre ajoutez autant de
tranches de zéros que vous voulez avoir de
chiffres, et traitez votre racine avec autant de
chiffres que le marquera le nombre de tranches
de zéros ajoutées.

Exemple.

Je veux avoir la racine de 3847 avec deux
décimales.

1.° A la suite de 3847 j'ajoute quatre zéros,
et j'ai 38470000. Je partage en tranches de
deux chiffres ; ce qui me fait connaître que
j'aurai quatre chiffres à la racine. J'ajoute aux
quatre premiers chiffres 3600, plus grand
carré de la première tranche ; j'ai 7447, dont
je prends la moitié 3723,5 ; prenant le sixième
de 37235, j'ai 6205 avec 5 de reste. Je fais
le carré de 205 : il est 42025 > 5000 × 2
ou 10000, car mon reste a subi une division
par 2 : donc ma racine est trop grande de
trois unités ; car ayant pris sur 37235 le
sixième outre la moitié, je dois diviser 42025
par 12000 ; ce qui me donne 3. Je fais le
carré de 202 ; il est 40804. Je puis retran-

cher ; donc ma racine approchée est 62,02
avec deux décimales, et j'ai 5916 pour reste.

On veut avoir la racine approchée de 7.
Je fais suivre le nombre de quatre zéros, et
j'ai 70000 ; j'y ajoute 90000, le carré le
plus voisin, et j'ai 160000. Prenant la moitié,
puis le tiers de cette moitié, j'ai 266666 à l'infini. Mais ce nombre est trop grand, puisque
le reste doit donner le carré complémentaire.
Je forme ce carré en prenant autant de chiffres
que je veux de chiffres d'approximation. Ici
il y a quatre chiffres. Je fais le carré de
$3334 = 11115536$: j'ai 26666 suivi de
quatre zéros, moins ce carré ; ce qui me
donne 26455 pour racine approchée.

On peut varier ces méthodes d'après les
moyens indiqués ; mais ces méthodes étant
toutes rentrantes, conduiront aux mêmes résultats.

Le procédé suivant fera arriver plus rapidement encore au but. Soit proposé 7 dont
on veuille avoir la racine approchée : je fais
suivre 7 de deux zéros ; je divise 700 par 3, racine
de 9, carré le plus près de 700 ; j'ai pour quotient 233, première approximation. Prenant la
moitié du complément de 233 avec 300 ou

11 *

la racine suivie de deux zéros ; ajoutant 33 à 233, il me vient 266, deuxième approximation. J'effectue la division de 700000 par 266 : il vient 2631. Je prends la différence ou complément sur 260 : il vient 29. J'ajoute la moitié à 2631, et j'ai 2645 ; divisant par ce nouveau nombre, j'obtiens 264625.

Au lieu de la division effective, on ne la fera que par multiplication, comme il a été indiqué pour la division. Ce mouvement d'opérations est fondé sur ce que l'extraction de la racine carrée est le cas de la division qui suppose le diviseur et le quotient égaux ; par conséquent, le complément ou reste, après la division, doit être regardé comme $2bc$. En prenant la moitié et l'ajoutant au diviseur, on aura une approximation plus grande, parce que le diviseur et le quotient se rapprochent alors du terme de l'égalité.

Autre Exemple.

On demande la racine approchée de 34. Je divise 34 suivi de deux zéros par 6, et j'ai 5,66 : la racine approchée sera donc $5,66 + 17 = 5,81$, mais trop petite. Je divise 3400 par 5,81 suivi de zéros, et j'ai pour nouvelle approximation 585, trop grande. Je fais une troisième division par 583, et j'ai 583 avec un reste 111 : donc la racine approchée est 583.

Cette méthode est fondée sur ce que l'extraction de racine carrée n'est qu'une division dans laquelle le diviseur et le quotient sont égaux; et tant que les diviseurs ne sont pas égaux, elle tend à les conduire à cette condition.

DU CUBE.

Pour avoir le cube, il faut multiplier le carré par la première puissance : or la formule du carré, D étant les dixaines et V les unités, sera $D^2 \pm 2\,DV + V^2$. Multipliant par $D \pm V$, pour le premier cas,

$$D^3 + 3\,D^2\,V + 3\,DV^2 + V^3 ,$$

et pour le second,

$$D^3 - 3\,D^2\,V + 3\,DV^2 - V^3 ,$$

en faisant b une puissance de dix quelconque, et c son complément, on aura

$$(b - c)^3 = b^3 - 3\,b^2\,c + 3\,bc^2 - c^3 = b^2\,(b - 3\,c) + (3\,b - c)\,c^2 \ (1).$$

(1) On voit un nouvel exemple du principe général que

En lisant la première formule, on trouve la règle de formation, donnée dans tous les traités de calcul, pour obtenir le cube en effectuant successivement les parties, qui sont, 1.° le cube des dixaines, 2.° le triple produit du carré des dixaines par les unités, 3.° le triple produit des dixaines par le carré des unités, 4.° le cube des unités.

Soit proposé de former le cube de 38. J'écris chacune des parties énoncées ci-dessus, en la faisant dépasser d'un rang vers la droite, et j'ai

1.° 27		cube des dixaines.
2.° 216	{	triple du carré des dixaines par les unités.
3.° 576	{	triple des dixaines par le carré des unités.
4.° 512		cube des unités.

Cube total..   54872.

Au lieu de ce partage, la méthode complémentaire lit la formule ainsi que le marque le second membre de l'équation, et divise le cube en deux parties (comme nous l'avons fait pour le carré) : 1.° en une partie déca-

---

l'action complémentaire est inverse de celle qui donne la partie décadaire.

daire, 2.° en un produit complémentaire (1).
La partie décadaire sera $b^2 (b - 3 c)$, ou le
carré du complémentateur multiplié par un
facteur égal au nombre moins deux fois le
complément. Le produit complémentaire est
composé de deux facteurs : le premier est
trois fois le complémentateur moins le complément ; le second facteur est le complément
élevé au carré.

1.er Exemple.

On demande le cube de 87, dont le complément est 13.

1.re partie $(100 - 39) \times (10)^4 = 610000$
2.° partie $(300 - 13) \times (13)^2 = \underline{48503}$
$ 658503.$

On pourra vérifier en formant les parties
du cube, et cette vérification nous conduira
au même résultat.

---

(1) $b = (10)^n$, ainsi $b^2 = (10)^{2n}$ ou l'unité suivie de
$2 n$ zéros ; donc, en séparant par un trait vertical autant de
chiffres que le marque $2 n$, la partie à gauche qui représente
$b - 3 c$, est linéaire ; je puis donc ramener aisément
cette portion du cube à me donner $b - c$ ou ma racine,
donc la formation du cube prépare le retour a la racine.

2.ᵉ Exemple.

On veut avoir le cube de 896.

1.ʳᵉ partie $1000 - 312 \times (1000)^2 = 688000000$

2.ᵉ partie $2896 \times (104)^2 \qquad = \quad 31323136$

$$719323136.$$

La partie $(3\,b - c) \times c^2$ est très-aisée à former : le nombre est $b - c$; donc, pour avoir $3\,b - c$, il ne faut qu'ajouter 2 au nombre : ainsi mon facteur est 2896 dans l'exemple proposé.

Si la formule était le cube de $b + c$, on aurait des résultats analogues.

Soit proposé d'obtenir le cube de 17.

1.ʳᵉ partie $(b + 3\,c)\,b^2$ $(10 + 21) \times 10^2$ $\quad 3100$

2.ᵉ partie $(3\,b + c)\,c^2$ $(37) \times (7)^2$ $\quad 1813$

$$\text{Cube.} \ldots\ldots\ldots 4913.$$

Si le cube que l'on veut former avait un complément trop fort pour être manié facilement, la complémentation peut avoir lieu et s'effectuer rapidement sur les parties aliquotes de 10 et de ses puissances.

1.° Si le nombre est tel que le cube doive se complémenter sur 50, 500, &c., avec complément direct, c'est-à-dire, tel qu'il le faille ajouter au nombre pour avoir le complémentateur, on ôtera du nombre à cuber deux fois le complément; on fera suivre ce nombre, ainsi modifié, de deux zéros; on prendra le quart, ce qui donnera la partie décadaire de votre cube; on fera le produit complémentaire de la manière suivante: devant le nombre mettez 1, vous aurez l'un des facteurs; le deuxième sera le carré du complément.

1.er *Exemple.*

Je veux avoir le cube de 489. Son complément sur 500 est 11, j'ôterai donc 22 de 489; je fais suivre 467 de deux zéros; j'en prends le quart, 11675 est ma partie décadaire. Je fais le produit complémentaire : mon premier facteur sera 1489, ou le nombre à cuber précédé de 1, et le deuxième facteur serait 121, carré du complément 11.

Je figure ainsi l'opération :

$$1.^{re} \text{ partie décadaire} \ldots\ldots 11675 \quad = \quad \frac{4670000}{4}$$

$$2.^{e} \text{ partie complémentaire.} \quad 180169 = 1489 \times 121$$

$$\overline{\hspace{4cm}}$$

$$116930169 \text{ cube total.}$$

2.ᵉ *Exemple.*

On veut former le cube de 4987. Son complément sur 5000 est 13; j'ôte donc 26 de mon nombre 4987, reste 4961; je fais suivre ce reste de deux zéros, et je divise par 4; 124025 est ma partie décadaire : je mets 1 devant mon nombre, et j'ai 14987, premier facteur de mon produit complémentaire; j'aurai le deuxième en carrant 13 : le produit est 2532803, que j'écris sous la partie décadaire suivie de six zéros.

Figuré de l'opération.

Partie décadaire ou le quart
de 4987 — 26 = 4961 :
je fais suivre de deux
zéros; en divisant par 4,

j'ai $\dfrac{496100}{4}$ = 124025

Produit complémentaire.. $\underline{2532803} = 13^2 \times 14987$

Cube total...... 124027532803.

Il est aisé de se rendre compte de ces opérations; en effet, si l'on veut avoir le cube d'un nombre qui se complémente sur $50 = \frac{100}{2}$, $500 = \frac{1000}{2}$, &c., on pourra, b étant la puissance de 10, et c un complément, avoir

$$\left(\frac{b}{2} - c\right)^3 = \frac{b^3}{8} - \frac{3\,b^2\,c}{4} + \frac{3\,b\,c^2}{2} - c^3$$

$$= \frac{b^2}{4}\left(\frac{b}{2} - 3c\right) + \left(\frac{3b}{2} - c\right)c^2.$$ En
lisant cette formule comme nous l'avons indi-
quée, on fera suivre de deux zéros le complémentateur diminué de trois fois le complément,
ou le nombre moins deux fois le complément;
on en prendra le quart, ce sera la partie décadaire; le produit complémentaire aura deux
facteurs; le carré du complément sera le premier, trois fois le nombre complémentateur
moins le complément étant le deuxième. Or
cette dernière expression est la même chose
que le nombre à cuber, devant lequel on a
mis 1 ; car ce nombre est $\frac{b}{2} - c$, en ajoutant
b, ou ce qui est le même $\frac{2b}{2}$: donc, l'expression réunie est $\frac{3b}{2} - c$.

Si le complément était inverse, c'est-à-dire
que le nombre à cuber fût de la forme $\frac{b}{2} + c$,
on aurait seulement une inversion de signes,
et la formule serait $\frac{b^3}{8} + \frac{3bc^2}{4} + \frac{3bc^2}{2}$
$+ c^3$ qu'on décomposerait $\frac{b^2}{4}\left(\frac{b}{2} + 3c\right)$
$+ \left(\frac{3b}{2} + c\right)c^2.$ Un exemple suffira pour

indiquer le mouvement et exercer sur la différence apportée par le changement de signes.

On veut avoir le cube de 5 1 4. A ce nombre
j'ajoute 2 8, égal au double complément; je
fais suivre ma somme de deux zéros, j'ai
5 4 2 0 0 ; je prends le quart et j'ai 1 3 5 5 0, qui
sera ma partie décadaire : pour avoir le produit complémentaire, je multiplie 1 5 1 4 par
1 9 6, carré du complément. Je figure ainsi
mon opération :

Partie décadaire ou le quart de... 54200 = 13550
Partie complém.^{re}, produit de 1514 × 196 = 296744

Cube total........ 135796744.

La formation des cubes sur $\frac{100}{4}$, $\frac{1000}{4}$, &c.,
n'offrirait pas plus de difficultés. Ajoutez ou
retranchez deux fois le complément du nombre,
de deux fois autant de zéros qu'il y a de
chiffres; faites suivre, et prenez le seizième;
pour avoir le produit complémentaire, au
nombre ajoutez deux fois le complémentateur,
et multipliez par le carré du complément.

On se propose d'obtenir le cube de 2 4 1.
De ce nombre j'ôte 1 8, double du complément
9 sur 2 5 0 ; je fais suivre de quatre zéros, et
j'ai $\frac{2230000}{16}$ = 1 3 9 3 7 5, qui sera ma partie

décadaire. Pour avoir la partie complémentaire,
j'ajoute 500 à 241, et 741 sera mon premier
facteur; 81 , carré de 9, devient le deuxième
facteur.

Figuré de l'opération.

Partie décadaire...... 139375
Partie complémentaire.   60021

Cube total.... 13997521.

Cette marche est indiquée par la lecture de
la formule du cube: dans le cas où l'on veut
le cube de $\frac{b}{4} \pm c$, alors on a $\frac{b^3}{b^4} \pm \frac{3\,b^2}{16}\, c\, +$
$\frac{3bc^2}{4} \pm c^3 = \frac{b^2}{16}\left(\frac{b}{4} \pm 3\,c\right) + c^2\left(\frac{3\,b}{4} \pm c\right);$
on voit pourquoi on ajoute 500, c'est que
$\frac{3\,b}{16} + c = \left(\frac{b}{4} + c + \frac{2b}{4}\right);$ or $\frac{2b}{4} =$
500, 5000, &c.

Si le mécanisme de toutes ces différentes
hypothèses pour la formation du cube est bien
saisi, on verra qu'il faut, pour avoir la partie
décadaire, augmenter ou diminuer le complémentateur du triple du complément, et multiplier par le carré du complémentateur; qu'en
ajoutant deux fois le complémentateur au

nombre, on aura le premier facteur du produit
complémentaire, et que le deuxième est toujours le carré du complément. Si l'on compare
maintenant entre elles ces deux parties du
cube, on voit qu'elles sont symétriques, c'est-
à-dire que, dans la première, le complémentateur joue le rôle que joue dans la deuxième le
complément. En effet, dans le produit b^3
$+ 3\ b^2\ c + 3\ b\ c^2 + c^3$, b et c sont affec-
tés des mêmes signes, des mêmes coefficiens
et des mêmes exposans; en un mot, si l'on
renverse en changeant b en c, on aura c^3
$+ 3\ c^2\ b + 3\ b^2\ c + b^3$.

Sans chercher à complémenter sur 10, 100
et les fractions des puissances de 10, on peut
appliquer directement la formule, en complémentant sur 20, 30, 40, $10^n\ m \pm c$.

Exemple.

Soit proposé d'obtenir le cube de 89. Complémentant sur 80, le complément sera 9. Le
produit décadaire sera le carré des dixaines,
6400, par le nombre 89 plus deux fois le complément 9 ou 107, ce qui donne, pour partie
décadaire, 68480; j'écris dessous, en dépas-

sant d'un rang, le produit complémentaire ou
$(89 + 160) \times 81 = 249 \times 81 = 20169$.

Je figure ainsi l'opération :

Produit décadaire....... 68480
Produit complémentaire.. 20169
                          ———
      Cube total..... 704969.

Autre Exemple.

On veut cuber 65. Complémentant sur 60,
la partie décadaire est $3600 \times 75 = 270000$;
j'écris dessous le produit complémentaire ou
$185 \times 25 = 4625$; donc mon cube est
274625.

De l'extraction des Racines cubiques.

Chacune des opérations détaillées dans l'article précédent a son opération inverse, et
par conséquent l'extraction des racines sera
simplement le retour du binome, dans le cas
du cube, à la racine.

Reprenons la formule. Le cube a pour partie
$b^3 \pm 3 b^2 c + 3 b c^2 \pm c^3 = b^2 (b \pm 3 c)$
$+ c^2 (3 b \pm c)$; la partie décadaire est
$b^2 (b \pm 3 c)$; la partie complémentaire,
$c^2 (3 b \pm c)$.

On voit généralement que la partie décadaire nous aidera à retrouver la racine ; car
cette partie est un produit dont le premier
facteur est 10^n ou l'unité suivie de n zéros, et
dont le deuxième facteur $b \pm 3\,c$, est linéaire
et permet aisément le retour à l'expression
de la racine : pour cela il ne faut qu'écrire,
avec un signe inverse, deux fois le complément, et, on aura, au lieu de $b \pm 3\,c$, $b \pm c$
qui est la racine cherchée.

Dans le cas où la complémentation se fait
sur 100, 1000, rien de plus simple; voici
le procédé d'extraction : *Partagez le nombre en
tranches de trois chiffres, la racine a autant de
chiffres que le nombre a de tranches ; quand vous
connaissez le nombre de chiffres de votre racine,
prenez sur la gauche de votre cube autant de
chiffres qu'en doit avoir votre racine ; faites-les
précéder de 2, et prenez le tiers du nombre ainsi
transformé; ce tiers sera votre racine présumée :
pour l'éprouver, formez le produit complémentaire d'après les règles expliquées lors de la formation du cube ; si la soustraction est possible,
vous aurez la racine exacte.*

1.ᵉʳ Exemple.

Soit le nombre 894648 dont on demande la racine cubique. Le nombre a six chiffres, donc la racine aura deux chiffres : ainsi, devant 89, les deux premiers chiffres à gauche, je mets 2 ; je prends le tiers de 289, qui me donne 96 avec un reste ; donc ma racine présumée sera 96 avec 1 de reste. Pour l'éprouver, je multiplie 296 (3 $b - c$) par 16 (c^2), le produit est 4736 : prenant la différence de 14648, il me reste 9912 ; donc ma racine est 96, et le reste 9912.

2.ᵉ Exemple.

On veut avoir la racine cubique de 749681856. La racine aura trois chiffres, parce que le cube a neuf chiffres ou trois tranches. Je place 2 devant les trois premiers chiffres, j'ai 2749, dont le tiers est 916 avec 1 de reste, qui, suivi des autres chiffres, forme 1681856 ; donc ma racine approchée est 916 : je fais le produit complémentaire 2916 par 7056, carré du complément 84 ; ce produit donne 20575296, plus grand que mon reste de 19 unités ; donc ma racine est au moins trop grande de 7 unités. J'effectue le

produit complémentaire sur ma racine présumée de 908, j'ai 2908 × 8464; ce dernier
est le carré de 92, complément de 908 ;
comme le produit 24613312 peut se retrancher de 25681856, ma racine est 908, et
mon reste 10648544.

3.ᵉ Exemple.

On demande la racine de 921167317.
Devant les trois premiers chiffres 921 je mets
2 ; je prends le tiers de 2921 ; 973 qui en résulte est ma racine présumée, avec 2 de reste
que je joins aux autres chiffres; j'ai 2167317,
je fais le produit complémentaire 2973 × 729,
carré du complément 27, et j'ai mon reste
2167317 exactement; donc la racine est 973
sans reste.

4.ᵉ Exemple.

On veut avoir la racine de 845659. Il y a
deux tranches; je prends les deux premiers
chiffres précédés de 2 ou 284, dont le tiers 94
est ma racine présumée, avec un reste 2 que je
joins à 5659; formant mon produit complémentaire 294 × 36, j'ai pour produit 10584
< 25659; donc ma racine est 94, et mon
reste 15075.

Si le complément était inverse, on aurait recours au même procédé. Soit proposé d'extraire la racine cubique de 1728 : j'ajoute 2 au premier chiffre, ce qui, avec le suivant, me donne 37 ; le tiers 12 est ma racine présumée ; il reste 1 , qui, avec le reste 28 , fait 128 ; je fais le produit complémentaire 32 par 4, carré du complément 2 ; comme il donne 128 , j'ai pour racine 12 sans reste.

Soit maintenant proposé d'extraire la racine de 146745. Comme ce nombre a pour cube de la première tranche 125, qui est celui de 5, il a été complémenté sur 50 ; donc je multiplie cette tranche par 4 ; elle donne 584 : ce qui m'apprend que la racine est 50, plus le complément ; donc la racine est 52 , avec 6137 pour reste.

La méthode suivante, au lieu de supposer pour complémentateur les puissances de 10, suppose le plus grand cube parfait de la première tranche suivie de zéros ; il ne faut que connaître les cubes des neuf premiers chiffres. Nous renvoyons au commencement de cette section, où ils se trouvent.

Pour avoir la racine, on ajoutera à la première tranche à gauche le plus grand cube de

la première tranche multiplié par 2 ; on prendra le tiers d'autant de chiffres que l'on en
veut avoir à la racine ; on divisera ce nombre
par le carré de la racine du plus grand cube
parfait de la tranche, et on aura la racine présumée.

1.er Exemple.

Soit 74088, cube dont on se propose d'obtenir la racine. La première tranche à gauche
est 74 ; le plus grand cube au-dessous de 74
est 64 ; j'ajoute 128, double de 64, avec 74,
la somme suivie d'un zéro est 2020, dont le
tiers est 673 avec 1 de reste ; je divise 673
par 16, carré de la racine cubique de 64, et
j'ai 42 pour racine présumée ; je fais le produit
complémentaire ; je multiplie 122 par 4, carré
de 2, complément sur 40, et 488 est mon
produit égal au reste ; donc la racine est 42.

2.e Exemple.

On demande le cube de 119823157. Le
cube a trois tranches, et la racine par conséquent trois chiffres ; la première tranche est
entre les cubes 125 et 64, donc la racine est
entre 500 et 400 ; mais comme elle se rapproche plus de 125, je divise les cinq chiffres à

gauche par 2 5 (1), j'ai $\frac{11982}{25} = 479$ avec 7 de
reste ; ce qui, joint aux chiffres laissés à gauche,
fait 7 3 1 5 7 ; 479 représente $b - 3c$, comme
$b = 500$, il s'ensuit que 2 1 est le triple du
complément : ajoutant 1 4, double de ce complément, à 479, on aura 493. Je fais maintenant le produit complémentaire de 1493
par 49, qui donne 7 3 1 5 7, égal au reste;
donc 493 est la racine cubique.

3.ᵉ Exemple.

Pour dernier exemple, nous allons chercher
la racine de 393642781. Le plus grand cube
de la première tranche est 343 ; comme sa racine cubique est 7, la racine du nombre sera
entre 700 et 800, mais plus près de 700 ;
je dois ainsi diviser les premiers chiffres du
nombre par 49, carré de 7 : je divise 39364
par 49, j'ai 803 pour quotient avec un reste
1 6, que je joins aux chiffres non soumis à la
division ; le reste qui doit représenter le produit complémentaire est donc 162781 : mais
803 représente $b + 3c$, $b = 700$; donc 803
— 700 = 1 0 3 est le triple du complément,
donc 34 exprime le complément, donc 7 3 4

---

(1) Je n'ai pas ajouté, parce que deux fois 500 = 1 000.

est la racine approchée. Je fais le produit complémentaire 2100 (700×3) + 34 multiplié par le carré 1156, j'ai 2466904; donc ma racine est trop grande d'au moins deux unités, donc ma racine présumée est 732. En effet, le produit complémentaire 2132 par 1024 peut être retranché de 21 augmenté du reste, et laisse pour reste 1429163.

En appliquant cette méthode à l'approximation des racines, on voit combien elle hâtera les résultats : nous allons donner quelques exemples. Je veux avoir la racine cubique de 29 à deux décimales : pour cela, à la suite de 29 j'écris six zéros, et j'ai 29000000; le cube le plus près de 29 est 27, j'ajoute donc deux fois ce nombre à la tranche, j'ai 83000000; prenant le tiers de ce nombre, il vient 276666; divisant par 9, j'ai pour racine présumée 3074; pour racine approchée, je fais le produit complémentaire, je vois qu'il est trop grand d'au moins 2; j'ôte 2, reste 30,72; je me trouve avoir pour racine 3,07. On pourrait pousser l'approximation.

Cette marche étendue aux puissances quatrième, cinquième, &c., nous a toujours réussi; tout l'artifice consiste à partager la formule en deux parties, l'une décadaire, qui, à cause de 10^n, devient linéaire par la simple séparation opérée par le placement de la verticale; si maintenant on ajoute $(n-1)$ 10^n, on peut la diviser par n 10^{n-1}, et l'on aura la valeur approchée de $b-c$ (1). Une épreuve sur les premiers chiffres qui suivent la première tranche à gauche, redressera l'erreur en plus; et l'on pourra, si l'on veut, épuiser toutes les chances des termes de la puissance.

---

(1) La formule de la quatrième puissance est $b^4 \pm 4 b^3 c + 6 b^2 c^2 \pm 4 b c^3 + c^4$. Ajoutant 3 b^4, on aura pour les deux premiers termes le même coefficient 4; et en divisant par 4 b^3, on aura le quotient linéaire, qui sera la racine présumée. Pour l'éprouver, je fais 2 $b c^3$ que j'ajoute au reste; j'ai alors les deux autres termes, qui ont même coefficient: divisant par 6 $b c^2$, il me vient encore $b \pm c$. Exemple: on veut la quatrième racine de 92236816; j'ajoute 3 aux deux premiers chiffres; prenant le quart, j'ai 98, racine présumée. Pour l'éprouver, comme c'est le cas de la formule $b-c$, je fais 2 $b c^3 = 1600$, que je retranche de 236816, reste 235216. Prenant le sixième des quatre premiers chiffres, j'ai encore 392, dont le quart est 98; donc 98 est ma racine.

Pour la cinquième puissance, on aurait trois parties qui se traiteraient de la même manière.

On aurait en ajoutant $(n-1)$ b^n $\begin{cases} 5\ b^5 + 5\ b^4 c \\ 10\ b^3 c + 10\ b^2 c^3 \\ 5\ b c^4 + 5\ c^5. \end{cases}$

En ajoutant . . . . $(n-1)$ c^n

Les diviseurs, pour retrouver $b+c$, seraient 1° 5 b^4, 2° 10 $b^2 c^2$; 3° c^4.

DES PROPORTIONS (1).

Lorsque deux nombres sont comparés entre eux, cette comparaison forme un rapport; le premier terme du rapport prend le nom d'*antécédent*, et le second celui de *conséquent*.

La proportion est la comparaison de deux rapports, comme le rapport lui-même est la comparaison de deux quantités (2).

Les rapports ne comparent les quantités que sous deux points de vue, ou pour connaître de combien un terme surpasse l'autre, et l'expression du rapport est alors une *différence ;* ou pour connaître combien l'un contient l'autre, et il en résulte un *quotient.*

Les rapports par différence sont appelés *arithmétiques ;* ceux par quotient , *géométriques.*

On donne souvent aux rapports le nom de

(1) Nous supposons connues les notions que renferment les traités ordinaires d'arithmétique, et nous ne voulons que les rappeler et établir l'action complémentaire sur cette partie de l'arithmétique.

(2) D'après ces détails, on sent que le nombre n'est que l'expression du rapport de l'unité avec plusieurs autres grandeurs de même espèce.

raisons ; alors rapports et raisons sont synonymes. Les rapports arithmétiques s'indiquent par un point placé entre les deux nombres, ceux géométriques par deux points : rapport arithmétique , 7 . 8 ; rapport géométrique, 9 : 11. Les deux rapports arithmétiques sont séparés entre eux par deux points placés entre les deux rapports, ainsi 7 . 8 : 11 . 12 se lit, 7 est à 8 comme 11 est à 12. Les rapports géométriques formant une proportion sont séparés par ::, ainsi 15 : 18 :: 10 : 12 se lit, 15 est à 18 comme 10 est à 12.

La proportion arithmétique ou *équi-différence* a pour principale propriété , que la somme des extrêmes égale la somme des moyens, ce qu'on peut démontrer ainsi.

La somme des extrêmes est composée d'un antécédent et d'un conséquent ; et comme le conséquent est égal à l'antécédent plus ou moins la différence, on voit que la somme des extrêmes résulte de la somme des antécédens augmentée ou diminuée du rapport ou différence : mais la somme des moyens résulte des mêmes élémens ; donc ces deux sommes résultent des mêmes parties, donc elles sont égales.

(186)

Dans la proportion géométrique ou *équi-quotient*, on démontrera de même que le produit des extrêmes est égal au produit des moyens ; car deux produits résultant des mêmes facteurs sont égaux : or, les deux produits ont les mêmes facteurs ; car le produit des extrêmes a pour facteurs le premier antécédent et le second conséquent, tandis que le produit des moyens a le second antécédent et le premier conséquent. Mais on sait que chaque conséquent n'est que l'antécédent multiplié par la raison ou quotient de la proportion : donc le produit des extrêmes et celui des moyens ont pour facteurs l'un et l'autre les deux antécédens par la raison; donc ils sont égaux, puisque leurs trois facteurs sont identiques.

Donc si l'on connaît trois termes de la proportion, on connaîtra le quatrième; car soit, par exemple, le produit des moyens connu ; en divisant par l'extrême, on aura l'extrême cherché, et réciproquement.

Il est facile encore de conclure les principes suivans.

Si l'on a une proportion géométrique, on peut lui faire subir plusieurs transformations sans la détruire, pourvu, 1.° qu'on change seulement la place des moyens ou des extrèmes entre eux; 2.° ou bien qu'on mette les moyens à la place des extrêmes.

Dans toute proportion géométrique, on peut multiplier ou diviser les deux termes d'un rapport sans altérer la proportion; car tout rapport est une fraction dont le conséquent est le numérateur et l'antécédent le dénominateur.

Enfin, lorsque quatre termes sont en proportion, les puissances, ainsi que les racines de ces nombres, sont aussi en proportion.

La méthode complémentaire donne, dans la recherche du quatrième terme d'une proportion, ou dans la solution de la règle de trois, un moyen d'abréviation remarquable.

Nous supposerons d'abord que le premier conséquent ne contienne le premier antécédent qu'une fois avec un reste : alors on complémentera sur l'extrême connu les deux moyens; on fera la somme des moyens en retranchant l'extrême, et l'on augmentera ce résultat du produit des complémens, divisé par l'extrême.

1.ᵉʳ *Exemple.*

Dix-sept hommes ont fait vingt-quatre toises d'ouvrage en un temps donné, combien en auraient fait dix-neuf hommes dans le même temps! La proportion serait en désignant le terme inconnu par x :

$17 : 19 :: 24 : x$. On aura :

$$17. \supset 2. \; C \, 7.$$
$$x = \frac{19 \times 24}{17} \quad \text{ou} \quad \frac{19 \times 24}{17} = 26 + \frac{2 \times 7}{17.}$$

Je complémente mes deux nombres sur 17 ; j'ajoute un complément au cofacteur, et 26 forme l'entier du quatrième terme ; le produit des deux complémens, ou 14, me donne le reste.

2.ᵉ *Exemple.*

67 toises de terrasse coûtent 55 francs : combien coûteront 79 toises !

La proportion s'établit ainsi :

$67 : 55 :: 79 : x$.
$$67 \supset 12. \; C \, 12.$$
$$x = \frac{55 \times 79}{67} = \frac{79 \times 55}{67} = 67 - \frac{144}{67} = 64 + \frac{57}{67}.$$

Je complémente sur 67 les deux nombres 79
et 55 ; j'ai une première approximation par
l'addition de 12 à 55 ou la soustraction de 12
sur 79 ; il me faut, parce que les complémens
sont inverses, retrancher de 67 le produit
complémentaire, ou $\frac{144}{67}$: j'ai donc pour quatrième terme $64 + \frac{57}{67}$.

3.e Exemple.

Trente-sept arpens ont produit quarante-
neuf muids de blé, combien produiraient cin-
quante-quatre arpens! On a

$$37 : 49 :: 54 : x.$$

$$37. \supset 12. \supset 17.$$

$$x = \frac{49 \times 54}{37} = \frac{49 \times 54}{37} = 66 + \frac{12 \times 17}{37}$$

$$= 66 + 5 + \frac{19}{37} = 71 + \frac{19}{37}.$$

J'ai ajouté 17 à 49 ou 12 à 54, et j'ai eu
66. Le produit de 17 par 12, divisé par 37,
m'a donné $5 + \frac{19}{37}$. Je l'ai obtenu par la considération suivante : si l'on divise un même
nombre par deux nombres consécutifs, la différence des quotiens sera la quantité même
divisée par le carré du moindre diviseur aug-

menté de ce nombre : ainsi, ici $\frac{17 \times 12}{37}$ et

$\frac{17 \times 12}{36}$ diffèrent de $\frac{17 \times 12}{36^2 + 36} = \frac{204}{1332} = \frac{17}{111}$;

mais $\frac{17 \times 12}{36} = 5\frac{2}{3}$; donc il faut retrancher

de ce nombre $\frac{17}{111}$: on devra donc ajouter

$5\frac{19}{37}$ à 66, et l'on a pour résultat final $71\frac{19}{37}$.

On pourrait encore user de l'artifice sui-

vant pour avoir le produit de $\frac{17 \times 12}{36}$. On

C 18. 1. ⊃ 6.

ferait $\frac{17 \times 12}{18}$ par complément sur 18; $\frac{17 \times 12}{18}$,

on aurait $11 + \frac{6}{18} = 11 + \frac{1}{3}$, dont la moitié

est $5\frac{2}{3}$ à cause de la division par $36 = 2 \times 18$.

Les exemples des règles de trois simples et composées pourraient nous fournir d'autres exemples d'abréviations qui reposeraient tous sur les mêmes principes que ceux discutés ; mais nous ne pouvons nous dispenser de voir dans les règles dites *d'intérêt* et *d'alliage*, une méthode complémentaire.

On nomme *intérêt* le produit d'une somme nommée *capital* prêtée pendant un an à un prix désigné sous le nom de *taux*, pour une somme fixe de 100 francs.

Ce n'est qu'un cas de la règle de trois, où

100 est complémentateur, le taux de l'intérêt complément, et où, à l'aide d'une multiplication, on obtient le quatrième terme.

Exemple.

On a prêté 987 francs à 7 p. o/o par an; que retirera-t-on au bout d'un an ?

La proportion s'établit ainsi :

$$C\ 70.\quad C\ 13.$$
$$100 : 107 :: 987 : x.$$

Faisant la multiplication de 107 par 987, j'ai pour résultat 105609. Pour opérer, j'agis ainsi : à 987 j'ajoute 70; ma partie décadaire est 1057 : comme 7 et 13 sont des complémens d'espèces différentes, je retranche 91, ce qui me laisse 1056,09; donc on aurait à recevoir 1056 francs 9 centimes.

L'escompte se traiterait par la multiplication comme l'intérêt, soit qu'on le prenne en dedans comme le veut l'équité, ou qu'on le prenne en dehors, comme le règle l'usage du commerce en France.

Exemple.

On demande quelle somme il faut payer

comptant pour une somme de 8767 francs
due dans un an !

PREMIÈRE MÉTHODE.

Escompte rigoureux, $106:100::8767:x$.
Ici le complémentateur sera 106, premier
terme de la proportion.

On aura :

$$x = \frac{100 \times 8767}{106} = 8270,75 ,$$

en effectuant la division par les règles pres-
crites ci-dessus.

DEUXIÈME MÉTHODE.

La méthode de prendre l'escompte en dehors a le vice d'escompter l'escompte. Pour
cela, on suit les mêmes procédés que pour
la règle d'intérêt ; et, dans le cas actuel, on
multiplierait 8767 par 6, et l'on opérerait la
division par 100 : le résultat obtenu serait
526,02, qu'il faudrait retrancher de 8767,
ce qui laisserait 8240,98, ou 29,77 de différence.

Dans la règle d'alliage, qui est la deuxième
application des méthodes complémentaires aux

proportions, on cherche ou, 1.° connaissant les quantités mélangées et le prix de chacune d'elles, quel est le prix moyen; ou, 2.° quelles sont les quantités qu'il faut mélanger pour avoir un prix moyen.

Exemple du premier problème.

On a 72 litres à 13^s ou 65^c
54   10.   50.
36   11.   55.

On demande le prix du litre. Pour l'obtenir, multipliez chaque quantité par son prix; faites la somme des produits, que vous diviserez par la somme des quantités mélangées : le quotient sera le prix moyen cherché. Dans l'exemple précédent, j'ai

$$\frac{72 \times 65 + 54 \times 50 + 36 \times 55}{72 + 54 + 36} = \frac{9360}{162} = 0,577,$$

où 57 centimes deux tiers.

Pour le second cas du problème, on va, par la complémentation, offrir un exemple de facilité remarquable.

1.er Exemple.

On veut, avec du vin à 17 sous et à 11 sous, en faire à 13 sous: prenez la différence du

13

plus haut prix sur le prix le plus bas, et vous aurez la quantité totale du mélange ; complémentez le prix le plus élevé et le plus bas sur le prix moyen, et vous aurez les quantités réciproques du mélange.

Dans cet exemple, la différence de 17 à 11 est 6 litres ; le complément inverse de 17 sur 13 me marque qu'il faut 4 litres à 11 sous, et le complément direct de 11 à 13 me marque qu'on devra prendre 2 litres à 17 sous, ce qui est exactement la solution.

Figuré de l'opération.

$$
\begin{array}{cc}
17 & 2 \\
13 & \\
11 & \underline{4} \\
& 6.
\end{array}
$$

2.ᵉ *Exemple.*

On mêle, pour former un ouvrage d'orfévrerie, de l'argent à 57 francs le marc et à 49 francs ; on veut que le marc revienne à 52 francs.

La différence de 57 à 49 est 8 ; donc 8 marcs est la quantité proportionnelle du mélange : le complément de 52 sur 57 est 5 ; donc je devrai prendre 5 marcs à 49 francs : le complément de 49 est 3 ; donc je devrai prendre 3 marcs à 57 francs.

On figure ainsi l'opération :

$$
\begin{array}{cc}
57 & 3 \\
\quad 52 & \\
49 & 5 \\
\hline
& 8.
\end{array}
$$

Nous terminerons ce que nous avons à dire sur les proportions par deux remarques.

1.° On a dû voir que, pour obtenir le quatrième terme d'une proportion, on complémentait sur le premier terme diviseur ; or, en général, en ajoutant les facteurs et retranchant le complémentateur, on a le produit approché, et, pour l'avoir réel, il ne faut qu'y joindre le produit des complémens, divisé par le complémentateur : donc, notre quatrième terme s'obtiendra approximativement en ajoutant les deux moyens et en retranchant l'extrême connu. Ainsi, on doit s'apercevoir qu'il y a cette analogie entre les proportions arithmétiques et géométriques, que, dans ce cas, cette méthode donnerait le quatrième terme de la proportion arithmétique exact ; mais que, pour le quatrième de la proportion

13 *

géométrique, il faut y ajouter le produit des complémens divisé par le complémentateur. Mais un produit de deux facteurs, divisé par un nombre, est lui-même l'expression d'une proportion ; donc, cette nouvelle proportion pouvant être considérée sous le même point de vue, on pourra encore approcher à l'aide d'une nouvelle proportion arithmétique ; donc le dernier terme d'une proportion géométrique peut résulter de la sommation de plusieurs quatrièmes termes de proportions arithmétiques : la différence entre ces quatrièmes termes sera toujours deux fois le complémentateur. Soit proposé d'obtenir le quatrième terme de la proportion

$$7 : 43 :: 29 : x.$$

Je fais les proportions arithmétiques suivantes :

$$
\begin{array}{llll}
7 & . \ 43 : & 29 \ . & 65 \\
7 & . \ 36 : & 22 \ . & 51 \\
7 & . \ 29 : & 15 \ . & 37 \\
7 & . \ 22 : & 8 \ . & 23 \\
7 & . \ 15 : & 1 \ . & 9 \\
7 & . \ 8 : - & 6 \ . - & 5.
\end{array}
$$

Formant la somme des quantités positives, pour la valeur réelle du quatrième terme j'ai

$65 + 51 + 37 + 23 + 9 = 185$, dont retranchant $\frac{48}{7}$ ou $6\frac{6}{7}$, il reste $178\frac{1}{7}$: on voit que le terme à retrancher $\frac{48}{7}$ résulte de 8 par 6 divisé par 7.

On trouve ici que la différence d'un terme à l'autre est toujours 14 ou deux fois 7, qui est le premier terme double.

La deuxième remarque promise tend à établir un rapport entre la proportion arithmétique et géométrique, par l'intermédiaire des fractions périodiques.

2.° Nous avons établi, en parlant des fractions périodiques, qu'elles n'étaient que la juxta-position des termes d'une progression géométrique, ayant pour raison la différence entre la base et le diviseur de l'unité; qu'ainsi un septième s'obtenait par la juxta-position des puissances de $3 = 10 - 7$ juxta-posées, en les ordonnant par rapport à 10. Maintenant il s'agit d'établir entre ces fractions et les progressions arithmétiques un rapport intermédiaire.

On sait que, pour une base quelconque, si la période a un nombre pair de chiffres, lorsque l'on est arrivé à la moitié des chiffres de la période, on peut avoir tous les autres en complétant les premiers sur la base moins un

Ainsi je sais, par exemple, que dans la base 8 la valeur périodique d'un dix-neuvième n'aura que six chiffres. J'ai les trois premiers 032; je fais le complément de ces chiffres sur $8 - 1$, ou 7, ce qui me donne 745; donc ma période sera $8| \frac{1}{19} = 0,032745$. On voit donc que, dans le cas de l'exemple, $0+7$, $3+4$, $2+5$, donnent toujours la base moins 1 ou 7; donc, si l'on se rappelle que dans toute progression arithmétique la somme de deux termes pris à égale distance des extrêmes, donne toujours la somme des extrêmes, on voit que si, dans une progression qui a un nombre pair de chiffres, on conserve une moitié des chiffres dans leur ordre naturel, et que l'on écrive l'autre moitié à la suite des premiers en suivant cet ordre, le dernier, le pénultième, l'antépénultième, &c., on transformera cette progression dans les termes d'une fraction périodique : si l'on combine cette idée avec celle que les termes d'une fraction périodique sont ceux d'une progression géométrique (1), on verra naître encore une nouvelle transformation de

_____

(1) La différence est que, dans la fraction périodique, les termes sont coordonnés relativement à la base; ainsi

l'expression d'une progression arithmétique en celle d'une progression géométrique, et *vice versâ*. Ce point de vue nous a paru assez intéressant pour lui appliquer les ressources de l'analyse. Nous croyons devoir, par un exemple, faire encore mieux saisir notre pensée.

Soit la progression arithmétique de six termes 1, 4, 7, 10, 13, 16. Si, conservant les trois premiers termes dans leur ordre naturel, je renverse les trois derniers, j'aurai la suite :

$$1, 4, 7, 16, 13, 10.$$

C'est une fraction périodique dont la valeur

---

une progression géométrique dont 7 serait la raison, sera

$$1 : 7 : 49 : 343 : 2401.$$

Tandis que les mêmes chiffres qui expriment la valeur de $\dfrac{1}{93} = \dfrac{1}{100 - 7}$ ou celle de $\dfrac{1}{993} = \dfrac{1}{100 - 7}$, ou enfin celle générale de $\dfrac{1}{10^n - 7}$. On aura pour $\dfrac{1}{93} = 0,1074943$ ou $= 0,107526761$, pour $\dfrac{1}{993}$

$\overset{3^{24}}{= 0,100704934340168o7} \overset{2\quad 1}{= 0,100740934540168o7}$;

on voit que l'addition des puissances commande cette diffé-rence.

est $x = 0,147 \overset{o}{\underline{\ }} \overset{m}{\underline{\ }} \overset{o}{\underline{\ }}$; comme la somme du premier et du quatrième est 17, il s'ensuit que la fraction périodique est dans la base 18, la raison géométrique est 4, donc la fraction est représentée par la valeur de 1, 4, 16, 64 à l'infini, écrite dans la base 18 ; et si l'on veut l'avoir exactement, on ajoutera 1 aux trois premiers chiffres, et l'on cherchera la valeur dans la base 18 ; on aura :

$$7 + 1 \dots\dots\dots\dots \quad 8 \text{ unités.}$$
$$4 \text{ dans la base } 18 \dots\dots \quad 72.$$
$$1 \text{ ou } 18 \text{ au carré} \dots\dots \quad 324.$$
$$\overline{\qquad\qquad 404.}$$

Ces chiffres forment le numérateur, et le dénominateur égale 18 élevé au cube augmenté de 1 ou 5833. C'est dans la base 18 une fraction qui, dans notre système de numération, est $\frac{404}{5833}$.

Ici se termine notre travail, et nous renvoyons, sous la forme de notes, les réflexions et les démonstrations qui, quoique algébriques, ne dépassent pas les élémens. Toutes les questions que la complémentation a soulevées, seront publiées dans les lettres qui paraîtront successivement.

DÉVELOPPEMENS.

NOTE *A.*

SOUSTRACTION, *page 12.*

Si l'on avait plusieurs additions et plusieurs soustractions qui dépendissent d'un même compte, la soustraction complémentaire offrirait un moyen de les effectuer par une seule et même opération; pour cela, au lieu des nombres à soustraire, il ne faudrait qu'écrire leurs complémens, les ajouter avec les nombres à ajouter, et ôter de la somme totale autant d'unités qu'il y a eu de nombres à soustraire ou de complémens employés.

1.ᵉʳ Exemple.

Un débiteur devait 756 francs pour une première acquisition, 938 pour une seconde, et 174 pour une troisième; il a fait deux paiemens, 546 et 382 francs. On demande combien il redoit.

Voici l'opération établie :

```
756
938
174
454   complément de 546.
618   complément de 382.
─────
2940.
```

Ôtant le 2 des mille, il reste 940, qui marque que la balance du débit est 940 francs.

2.ᵉ Exemple.

Un compte d'intérêts a présenté, pour les intérêts, 8746, 9875, 5219, 4672; pour l'escompte, 2531 et 7123. J'opère ainsi :

```
8746
9875
5219
4672
7469   complément de 2531.
2877   complément de 7123.
─────
38858.
```

De ces résultats, ôtant deux unités supérieures, on voit que les intérêts dépassent les escomptes de 18858 francs.

Si les nombres devaient se compter sur des puissances de 10 différentes, il faudrait remplacer par des 9 les rangs qui manqueraient.

3.ᵉ Exemple.

Un débiteur doit 849 et 673 francs; il a payé une fois 496, l'autre 79 : on demande ce qu'il doit. Je complémente les deux sommes payées sur mille, et j'opère ainsi :

```
    849
    673
    496  complément de 504.
    921  complément de 79.
    _____
   2939.
```

On voit qu'il reste encore 939 francs à payer. Nous terminerons cette note par deux tableaux présentant au commerce une comparaison de la méthode ancienne et de celle que nous y substituons.

APPLICATION DU CALCUL DES COMPLÉMENS
À LA TENUE DES LIVRES EN PARTIE DOUBLE.

Compte établi d'après la méthode ordinaire.

———

Exemple d'un compte débiteur.

DOIT M. A. S/C.		AVOIR.
1.er janv., p.r drap. 6,740f	1.er mars, S/ billet. 5,837f	
1.er février. *idem*.. 3,586.	1.er avril.. *idem*.. 7,853.	
1.er mars . *idem*.. 4,981.	1.er mai... *idem*.. 6,236.	
1.er avril.. *idem*.. 2,647.	Balance......... 6,239.	
1.er mai... *idem*.. 8,211.		
TOTAL... 26,165.	TOTAL... 26,165.	

Compte établi par la méthode des complémens.

———

Compte de M. A.

1.er janvier, doit pour drap......... 6,740.

1.er février, *idem*................ 3,586.

1.er mars, avoir s/ billet de 5,837..𝑥 4,163.

1.er mars, doit pour drap.......... 4,981.

1.er avril, *idem*................. 2,647.

1.er avril, avoir s/ billet de 7,853.𝑥 2,147.

1.er mai, doit pour drap.......... 8,211.

1.er mai, avoir s/ billet de 6,236..𝑥 3,764.

M. A. est débiteur de 6239 ;   36,239.

car 6,239 = 36,239 — 30000.

On a complété la somme des billets sur

10,000 francs; et cette opération ayant été
répétée trois fois, en supprimant les trois
dixaines de mille au total, on trouve le solde
du compte.

Exemple de compte créditeur.

1.er janvier, pour drap............ 1,740ʳ
1.er février, *idem*............... 1,586.
1.er mars, s/ billet de 5,837......x 4,163.
1.er mars, doit pour drap......... 1,981.
1.er avril, *idem*................ 1,647.
1.er avril, s/ billet de 7,853.......x 1,147.

TOTAL.......... 13,264.

Il faut, dans ce cas, opérer d'une manière
inverse, et retrancher 3,264 de 10,000, ou
en prendre le complément : ce nombre 6736
indiquera de combien le compte est créditeur.

Ce mode de calcul est sur-tout très-utile
pour les cas où il faut établir des entrées et
des sorties d'une même espèce.

S'il y avait des fractions, l'opération n'offrirait pas plus de difficultés, et la fraction complément serait une fraction dont le numérateur
serait la différence du numérateur et du dénominateur, le numérateur restant le même.

En effet, la totalité des quantités à ajouter

et à soustraire étant $a - b + c - d + e - f'$, si l'on représente les complémens des quantités à soustraire par b', d', f', on aura $a + b' + c + d' + e + f' - 3 . 10^n$.

NOTE B.

MULTIPLICATION, *pages 18 et suiv.*

1.° Rien de plus élémentaire que le procédé algébrique qui nous indique les règles de la complémentation pour la multiplication. Si l'on a m et n pour facteur, leur produit a est $m\,n$. Si maintenant nous rapportons ces deux facteurs à un nombre b, on aura, en exprimant la différence de chacun des facteurs par c et c', $m = b - c$ et $n = b - c'$, d'où $m\,n = b^2 - bc - b\,c' + c\,c' = b(b - c - c') + c\,c'$, comme la multiplication par b, dans le cas de $b = 10^n$, sera l'addition de zéros, à la suite du facteur, la portion entre parenthèses sera linéaire, et il ne faudra plus que faire suivre par autant de zéros qu'il y a d'unités dans n, et ajouter le produit des complémens.

2.° Le cas de $m = b + c$ et $n = b + c$ est le même, en changeant seulement, dans la première partie du produit, plus en moins. On aura $b^2 + bc + b\,c' + c'^2$.

3.º $m = b - c$, $n = b + c'$, donnerait $mn = b^2 - bc + bc' - cc'$.

Il ne faut plus que lire ces formules pour en déduire des règles pratiques.

Premier cas. $b (b - c - c') + cc'$ se lit ainsi : pour obtenir la première partie, qui prend le nom de décadaire, ôtez du complémentateur la somme des deux complémens, juxtaposez le produit des deux complémens.

Deuxième cas. $b^2 + bc + bc' + cc'$ se lit : au complémentateur ajoutez la somme des complémens, et juxtaposez le produit complémentaire.

Troisième cas. $b^2 - bc + bc' - cc' = b (b - c + c') - cc'$ se lit : ajoutez le complément positif et retranchez le complément négatif de votre complémentateur, et vous aurez la partie décadaire ; retranchez ensuite le produit des complémens.

Si l'on veut réduire ces règles en une seule, on peut l'exprimer ainsi : prenez la somme des facteurs, ôtez le complémentateur, vous aurez la partie décadaire ; quant au produit complémentaire, si les signes sont semblables, ajoutez - le ; s'ils sont dissemblables, soustrayez ce produit.

NOTE C.

DIVISION, *page 52.*

Si l'on représente par $10^n — c$ un facteur et l'autre par $10^n — c'$, et qu'on fasse, pour n'être pas embarrassé d'exposant, $10^n = b$, b sera une puissance de la base, et l'on aura son produit ; en effectuant la multiplication elle donnera

$$(b—c) \times (b—c') = b^2 — bc — bc' + cc' ,$$

et, à cause de b facteur commun des trois premiers termes du produit, $b(b—c—c') + cc'$: cette formule, qui est celle de la multiplication, doit nous amener aux règles de la division.

La division résout ce problème : connaissant le dividende et un facteur, trouver l'autre facteur. Pour cela, si je puis rendre la partie décadaire linéaire, j'aurai une fonction de la somme des facteurs : mais b étant 10^n ou une puissance de 10, en divisant par cette puissance il ne restera plus que $b \doteq c — c'$: or la somme des facteurs est $b — c + b — c' = 2b — c — c'$; donc en ajoutant b à la partie renfermée entre parenthèses, on aura la somme des facteurs (on connaît la somme des deux facteurs et un facteur), on aura donc l'autre facteur en obtenant la différence. Cette manière d'expliquer la formule nous fait tirer cette règle pratique : séparez vers la droite, par un trait vertical, autant de chiffres que vous en devez avoir au quotient, et ensuite opérez par l'un des deux moyens suivans :

1.° Ajoutez le complémentateur en retranchant le diviseur ;

2.° Écrivez le complément du diviseur avec un signe inverse de celui qu'il a dans la composition du facteur.

NOTE *D*.

AUTRE MÉTHODE. — DIVISION, *p. 73.*

Le dividende étant désigné par a, et le diviseur par $b - c$, on fera $a = b\,m + n$ (1), c'est-à-dire qu'on divisera a par b pour avoir un quotient m et un reste n; puis on aura

$$\frac{a}{b - c} = m + \frac{m\,c + n}{b - c} \ (2),$$

formule qui devient identique quand on y met la valeur d'après (1) $m\,b + n$, au lieu de a.

14

On fera ensuite

$$m\,c + n = b\,m' + n',$$

et l'on aura (2) :

$$\frac{m\,c + n}{b - c} = m' + \frac{m'c + n'}{b - c},$$

puis $\qquad m'\,c + n' = b\,m'' + n'',$

d'où $\qquad \dfrac{m'c + n'}{b - c} = m'' + \dfrac{m''c + n''}{b - c},$

et ainsi de suite, jusqu'à ce que l'on ait $m^{(\alpha)}$ ou nul, ou du moins que $m^{(\alpha)}\,c + n^{(\alpha)} < b$, ce qui doit nécessairement arriver. Si l'on substitue successivement, on aura enfin

$$\frac{b - c}{a} = m + m' + m'' + \cdots + m^{(\alpha)} + \frac{m^{(\alpha)}c + n^{(\alpha)}}{b - c} \quad (3),$$

qui exprime que le quotient est la suite $m + m' + m'' + \cdots + m^{\alpha}$, et que le reste est $m^{\alpha}\,c + n^{\alpha}$.

Il est évident que si, au lieu de la formule (2), on a celle-ci,

$$\frac{a}{b + c} = m - \frac{m\,c - n}{b + c};$$

et qu'on fasse $\dfrac{m\,c - n}{b + c} = m' - \dfrac{m'c - n'}{b + c},$

puis $\qquad \dfrac{m'\,c - n'}{b + c} = m'' - \dfrac{m''c - n''}{b + c},$ &c.

on aura enfin, au lieu de la formule (3), celle-ci :

$$\frac{a}{b+c} = m - m' + m'' - m''' + \ldots\ldots$$

$$\pm m^{(2)} - \frac{m^{(a)}c - n^\circ}{b+c}.$$

Ainsi on a réduit la division du diviseur $b \pm c$ à celle du même nombre par b.

Exemple.

J'ai $\frac{5749}{37}$: je divise 5749 par 40; je fais $a = 5749$, $b - c = 37$, en prenant 40 pour b, et 3 pour c, et j'ai pour quotient 143 et 29 pour reste; d'où $m = 143$, $n = 29$, d'où encore $mc + n = 429 + 29 = 458$; $\frac{458}{40}$ donne 11 pour quotient et 18 pour reste; d'où $m'c + n' = 33 + 18 = 51$, d'où $m'c + n' = \frac{51}{37} = 1 + \frac{14}{37}$, donc le quotient total $\frac{5749}{37} = 143 + 11 + 1 + \frac{14}{37} = 155 + \frac{14}{37}$.

NOTE E. — Page 84.

Pour indiquer la correction à faire au résultat de $\frac{mb}{b \pm c}$ comparé à $m \times b \pm c$, il ne faut que s'apercevoir que c'est toujours le

14 *

produit de la partie décadaire qu'a introduit le produit complémentaire, multipliée par le complément, dont il faut augmenter ou diminuer le résultat.

Exemple.

Je veux diviser 6900 par 96 : au lieu de cela, je multiplie 69 par 104, j'ai pour produit 71 , 76 ; la différence de 69 à 71 est 2 ; multipliant 2 par 4, complément de 96, et l'ajoutant à 71 , 76. J'en conclus que 6900, divisé par 96, donne 76|84, c'est-à-dire 76 pour quotient, et 84 pour reste.

NOTE *F.* — *Page 120.*

Nous avons fait d'inutiles efforts pour résoudre le problème du nombre des chiffres d'une période décimale, quand nous avons voulu l'attaquer. Il s'agissait de savoir quand est - ce que 10 est une racine primitive d'un nombre premier ; alors nos recherches ont dû se porter sur cette question : Un nombre premier étant donné, quelles sont ses racines primitives ! Nous avons encore échoué dans cette recherche pour la généralité du problème; cependant nos travaux nous ont amené aux principes suivans :

1.° On nomme *racines primitives* d'un nombre premier les restes de ce nombre, r, r', r'', r''', r^{IV}, qui, si on les élève à toutes les puissances 0, 1, 2, 3, &c. jusqu'à $p - 1$, donnent toujours des restes différens.

2.° On nomme *racine binaire* le reste (r), (r'), qui, si on l'élève à la puissance $\dfrac{p-1}{3}$, ramenera la série des mêmes restes.

3.° On nomme *racine tertiaire* le reste qui, élevé à la puissance $\dfrac{p-1}{3}$, ramenera la série des mêmes restes.

Enfin, si R, élevé a une puissance (n), ramène la même série de restes, nous dirons qu'il sera la racine du degré de n.

Nous avons trouvé que les racines, quelle que soit la forme du nombre, vont par couple de produit; c'est-à-dire que, si deux restes gh sont tels que $\dfrac{gh+1}{p} = E$, E étant un nombre entier, ces deux racines alors seront du même degré. Ainsi, par exemple, je sais que 3 est une racine primitive de 7 : alors, comme $3 \times 5 - 1$ est divisible par 7, j'en conclus que 5 est racine primitive de 7.

Donc, 1.° les racines primitives vont par couple de produits. Un corollaire bien simple nous a fait conclure que $r < p$ était racine primitive de p; alors la formule $r + m p$, quelques nombres qu'elle représente, donnera des racines primitives de 7, parce que 3 l'est. On aura ainsi pour 7 la série de racines primitives,

$$3, \ 10, \ 17, \ 24, \ \&c.$$
$$5, \ 12, \ 19, \ 26, \ \&c.$$

Donc, 2.° elles vont aussi par couple de sommes; mais ce n'est que dans le cas où le nombre premier est de la forme $4n + 1$: alors les deux nombres ensemble doivent se compléter sur $4n + 1$.

Exemple : Je sais que 2 est racine primitive de 13; donc $11 = 13 - 2$ le sera aussi; c'est un couple de racines par somme : comme 2 et 7 forment un couple par produit, 6 sera aussi racine primitive; car $6 = 13 - 7$. Donc les quatre racines primitives sont pour 13,

$$2, \ 6, \ 7, \ 11.$$

3.° Aucun carré ne peut être racine pri-

(215)

mitive ; ceci est fondé sur ce que, dans ce cas, il y aurait deux fois plus de racines que de restes.

4.° Si p avait pour facteurs 2, α, $\mathcal{C}$, γ, δ, aucune puissance qui aurait ces lettres pour exposant ne serait racine primitive de p.

5.° Un nombre des formes suivantes $(p-1)$, étant égal à $(2.\alpha.\mathcal{C}.\gamma.\delta....)$, $4n+1$, $4n \pm \alpha$, $4n+\mathcal{C}$, $4n+\gamma$, $4n+\delta$, $4n \pm A^2$, n'aura n pour racine primitive.

Appliquant ces propriétés au cas de $n = 10$, nous en conclurons que, si un nombre premier a l'une de ces formes, $40n \pm 1$, $40n \pm 3$, $40n \pm 9$, $40n \pm 13$, jamais la période décimale n'aura n pour racine primitive.

Les démonstrations de ces théorèmes dépassant les limites des élémens, nous sommes forcés de ne les pas consigner ici.

NOTE *G.* — *Page 122.*

FORMATION DES FRACTIONS PÉRIODIQUES.

On sait que la série de la division est pour $\frac{1}{b-c}$,

$$\frac{1}{b-c} = \frac{b}{1} + \frac{c}{b^2} + \frac{c^2}{b^3} + \frac{c^3}{b^4} + \frac{c^4}{b^5} + \frac{c^5}{b^6} + \frac{c^6}{b^7} + \frac{c^7}{b^8}.$$

$$+ \frac{c^8}{b^9} + \frac{c^9}{b^{10}} + \&c.$$

Si l'on prend les termes 2 à 2, et qu'on les réduise au même dénominateur, on aura

$$\frac{1}{b-c} = \frac{b+c}{b^2} + \frac{bc^2+c^3}{b^4} + \frac{bc^4+c^5}{b^6} + \frac{bc^6+b^7}{b^8}$$

$$+ \frac{bc^8+c^9}{b^{10}} + \&c.$$

Or on voit que $b + c$ est facteur commun ; donc la série deviendra

$$\frac{1}{b-c} = b+c \left(\frac{1}{b^2} + \frac{c^2}{b^4} + \frac{c^4}{b^6} + \frac{c^6}{b^8} + \frac{c^8}{c^{10}} + \frac{c^{10}}{c^{12}} \right.$$

$$\left. + \frac{c^{12}}{b^{14}} + \frac{c^{14}}{b^{16}} + \&c. \right)$$

Opérant de la même manière sur le facteur entre parenthèses, c'est-à-dire, réduisant au même dénominateur les termes renfermés deux à deux, et séparant le facteur commun, on verra que la série donnera

$$\frac{1}{b-c} = (b + c) \times (b^2 + c^2) \ldots \times$$

$$\left(\frac{1}{b^4} + \frac{c^4}{b^8} + \frac{c^8}{b^{12}} + \frac{c^{12}}{b^{16}} + \frac{c^{16}}{b^{20}} + \frac{c^{20}}{b^{24}} + \frac{c^{24}}{b^{28}} + \frac{c^{28}}{b^{32}} + \&c. \right)$$

La série fractionnaire, traitée de la même manière que la 1.ʳᵉ, offrira pour résultat

$$\frac{1}{b-c} = (b+c) \times (b^2+c^2) \times (b^4+c^4)$$
$$\left(\frac{1}{b^8} + \frac{c^8}{b^{16}} + \frac{c^{16}}{b^{24}} + \frac{c^{24}}{b^{32}} + \&c. \right)$$

Donc, par une réduction nouvelle, on aura

$$\frac{1}{b-c} = (b+c)(b^2+c^2)(b^4+c^4)(b^8+c^8)$$
$$\left(\frac{1}{b^{16}} + \frac{c^{16}}{b^{32}} + \&c. \right),$$

et ainsi de suite à l'infini.

Si b est la base de notre numération, c sera le complément; on obtiendra la fraction décimale par une simple juxta-position du complément et de ses puissances. Soit proposé d'obtenir la valeur de $\frac{1}{97}$; on aura donc pour première approximation,

$$\frac{1}{97} = 0,010309.$$

Cette approximation offre la base, plus le complément juxta-posant, le carré du complément : en interposant un zéro, vous avez la seconde. La troisième sera la première, plus la juxta-position du cube du complément, et l'on aura

$$\frac{1}{97} = 0,01030927.$$

La quatrième puissance donnera pour approximation,

$$\frac{1}{97} = 0,103092781.$$

Pour la cinquième, j'aurai

$$\frac{1}{97} = 0,01030927$$
$$243 = 0,010309278343;$$

en un mot, pour la suite, par la juxta-position des puissances de 3 , en sortant deux chiffres à chaque addition, parce que la complémentation a eu lieu sur cent, ou la base au carré, on aura généralement

$$\frac{1}{97} = 0,0103092781$$
$$243$$
$$729$$
$$2187$$
$$6561$$
$$10683$$
$$56067$$
$$\overline{}$$

Ajoutant $\frac{1}{97} = 0,010309278\backslash18154637367$, &c.

$\frac{1}{7}, \frac{1}{97}, \frac{1}{997}, \frac{1}{9997}$; sont toutes des fractions qui

ont sur des puissances de 10 les mêmes complémens; alors on comprend qu'on aura

$$\tfrac{1}{7} = 0,139$$
$$27$$
$$81$$
$$243$$
$$729$$
$$2187$$
$$6561$$
$$19683$$
$$59067$$

ou $\tfrac{1}{7} = 0,14285588997$ &c.,

c'est-à-dire ce sont des fractions toutes formées
par la juxta-position du complément 3. Et cette
méthode n'est que la multiplication de $(b+c)$
$\times (b^2 + c^2) \times (b^4 + c^4)$; car avec une approximation, on a $b+c$, ou la base, plus
le complément.

La deuxième multiplication donnerait, à
cause de b^2, le même que 1 suivi de deux
zéros, $b+c$, plus le produit de $b+c$ par
$c^2 = bc^2 + c^3$.

La multiplication du troisième terme par
b^4 ou 1 suivi de quatre zéros, lui laisserait
le premier membre tel qu'il est, et la multi-

plication par c^4 intercalerait toutes les puissances intermédiaires du complément ; donc
la multiplication, indiquée par la formule,
revient à la juxta-position des complémens ou

$$\frac{1}{b-c} = (1 + c + c^2 + c^3 + c^4 + c^{(o)})..$$

$\times \left(\frac{1}{b^a + 2} \right)$. On aurait pu conclure cette
juxta-position de la simple inspection de la
série, en faisant attention que la manière
d'écrire les fractions décimales, indiquerait
leur division par 10 élevé à la puissance mar-
quée par l'exposant de b. On peut faire précéder les dénominateurs du signe caractéris-
tique de la fraction décimale ; la formule serait
devenue, en appelant B une puissance de b,
et appelant $o^{(\cdot)}$ autant de zéros qu'il y en a
dans la puissance de b, représentée par B :

$$\frac{1}{B-c} = 0, 0^{(\cdot)} + c^0 + c^1 + c^2 + c^3 + c^4$$
$$+ c^5 + c^6 + c^7.$$

Si l'on traitait la fraction $\frac{1}{b+c}$, on aurait

$$x = (b-c) \times (b^2 + c^2) (b^4 + c^4)$$
$$\times \left(\frac{1}{b^8} + \frac{c^8}{b^{16}} + \&c. \right)$$

produit qui ne diffère que par le premier

facteur changé de $b + c$ en $(b - c)$, les
autres facteurs restant les mêmes.

AUTRE DÉMONSTRATION.

N étant un dividende et D un diviseur,
si l'on fait $D = B - C$, on aura

$$\frac{N}{D} = \frac{N}{B - C} ;$$

et en multipliant au second membre, haut
et bas, par $B^n - C^n$, n étant un nombre
entier quelconque, on trouvera

$$\frac{N}{D} = N \, \frac{(B^n - C^n)}{B - C} \cdot \frac{1}{B^n - C^n} \, (1).$$

Or on sait que

$$\frac{B^n - C^n}{B - C} = B^{n-1} + B^{n-2} C + B^{n-3} C^2 + \dots$$
$$+ B \, C^{n-2} + C^{n-1},$$

et que

$$\frac{1}{B^n - C^n} = \frac{1}{B^n} + \frac{C^n}{B^{2n}} + \frac{C^{2n}}{B^{3n}} + \frac{C^{3n}}{B^{4n}} =$$
$$\frac{1}{B^n} \left\{ 1 + \left(\frac{C}{B}\right)^n + \left(\frac{C}{B}\right)^{2n} + \left(\frac{C}{B}\right)^{3n} + \&c. \right\} :$$

ainsi l'équation (1) deviendra

$$\frac{N}{D} =$$

$$\frac{N}{B}\left\{\left(\frac{C}{B}\right)^{n-1} + \left(\frac{C}{B}\right)^{n-2} + \left(\frac{C}{B}\right)^{n-3} + \ldots + \frac{C}{B} + 1\right\}$$

$$\left\{1 + \left(\frac{C}{B}\right)^{n} + \left(\frac{C}{B}\right)^{2n} + \left(\frac{C}{B}\right)^{3n} + \&c.\right\} \ (2)$$

Au moyen de cette formule, on pourra toujours obtenir, par la simple multiplication, la partie entière du quotient de N divisé par D. En effet, on prendra pour B la puissance de 10 (dans l'arithmétique décimale), qui est immédiatement plus grande que D; C sera le complément, et partant un nombre plus petit que B : ainsi $\frac{C}{B}$ sera une fraction proprement dite, qui, élevée à une puissance n, pourra être aussi petite que l'on voudra. Par une estimation grossièrement exécutée, on trouvera un nombre n, tel que $\left(\frac{C}{B}\right)^{n} < \frac{N}{B}$: alors, pour avoir la partie entière de $\frac{N}{D}$, il suffira de calculer la formule

$$\frac{N}{D} = \frac{N}{B}\left\{\left(\frac{C}{B}\right)^{n-1} + \left(\frac{C}{B}\right)^{n-2} + \ldots + \frac{C}{B} + 1\right\}(4)$$

Exemple.

On veut avoir le quotient en nombres entiers de 35783 divisé par 73. Ici

$$N = 35783, \quad D = 73, \quad B = 100,$$
$$C = 100 - 73 = 27, \quad \frac{N}{B} = 357,83,$$
$$\frac{C}{B} = 0,27.$$

Pour avoir n, on aura bientôt reconnu que $\frac{N}{B} \times \left(\frac{C}{B}\right)^4$ est déjà plus petit que l'unité; car en prenant 400 au lieu de 357,83, et 0,20 au lieu de 0,27, cette expression devient $\frac{400.16}{10000} = \frac{64}{100}$: ainsi on pourra en toute sûreté faire $n = 4$; et par conséquent il suffira de faire le calcul de

$$357,83 \times (0,27^4 + 0,27^3 + 0,27^2 + 0,27 + 1).$$

Or on calcule très-facilement la série, comme s'ensuit :

$$(0,27+1).0,27 = \begin{array}{r} 1,27 \\ 27 \\ \hline 889 \\ 254 \\ \hline \end{array}$$

$$(0,3429+1).0,27 = \begin{array}{r} 1,3429 \\ 27 \\ \hline 94003 \\ 26858 \\ \hline \end{array}$$

$$(0,362583+5) = \begin{array}{r} 1,362583 \\ 27 \\ \hline 9,538081 \\ 2725166 \\ \hline \end{array}$$

Le facteur de $\dfrac{N}{B} = 0,36789741$

$+ 1 = 1,36789741$

$\dfrac{N}{B} = 357,83$

$$\begin{array}{r} 410369223 \\ 1094317928 \\ 95752818 \\ 683948705 \\ 410369223 \\ \hline 4894747302203 \end{array}$$

NOTE *H.* — *Page 137.*

On obtient le module par la solution d'une équation indéterminée : cette équation est, pour la base décimale, $10\, M = t\, T + 1$, M étant le module, t le terminateur du diviseur, T le terminateur de la période.

Exemple.

Je veux connaître le module et le terminateur de la période $\frac{1}{7}$ dans la base 10, je résous $10\, M = 7\, T + 1$, et je trouve pour première valeur $M = 5$, $T = 7$.

NOTE *I.* — *Page 133.*

1.° A et B étant deux nombres entiers quelconques, multipliez les unités de A par B; au produit ajoutez comme unités les dixaines de A : vous aurez un résultat A'. Traitez-le comme vous venez de traiter A, pour obtenir A'', et ainsi de suite indéfiniment. Les chiffres des unités de différens nombres A, A', A'', &c. $A^{(n)}$, placés à côté les uns des autres dans l'ordre décimal, c'est-à-dire, les unités de A désignant des unités, celles de A', des

dixaines, celles de A'', des centaines, &c.,
donneront un nombre $P^{(n)}$ produit par une
suite uniforme d'opérations partielles, dont
l'ensemble constitue une nouvelle opération
d'arithmétique, qui a pour termes A, B, $P^{(n)}$,
et qui n'est ni la multiplication ni la division,
mais dont il s'agit d'examiner les propriétés.

Cette opération, que M. Berthevin a découverte et proposée (*Traité d'arithmétique
complémentaire*), est décrite algébriquement
dans le tableau suivant :

$$\left.\begin{aligned}
&&A &= 10\,q + a.\\
a\quad& B + q &= A' &= 10\,q' + a'.\\
a'\quad& B + q' &= A'' &= 10\,q'' + a''.\\
a''\quad& B + q'' &= A''' &= 10\,q''' + a'''.\\
&&\cdots\cdots&\\
a^{(n-1)}& B + q^{(n-1)} &= A^{(n)}.&
\end{aligned}\right\} (1).$$

Multiplions ces équations respectivement
par les termes de la suite

$$10^0,\ 10^1,\ 10^2 \ldots\ 10^n,$$

puis ajoutons-les, et nous aurons, réductions
faites,

$$A + 10\,B\,(a + 10\,a' + 10^2\,a'' + \ldots + 10^{n-1}\,a^{(n-1)})$$
$$= (a + 10\,a' + \ldots + 10^{n-1}\,a^{(n-1)}) + 10^n\,A^{(n)},$$

équation qui, en conséquence de la définition

$$P^{(n)} = a + 10\,a' + 10^2\,a'' + \ldots + 10^{n-1}\,a^{(n-1)} \quad (2),$$

donne celle-ci :

$$10^n\,A^{(n)} = A + P^{(n)}\,(10\,B - 1) \qquad (3).$$

2.° D'après la définition (2), $P^{(n)}$ est un nombre de n chiffres ; d'ailleurs 10^n est l'unité suivie de n zéros ; ainsi $\dfrac{P^{(n)}}{10^n}$ est toujours moindre que l'unité, et par conséquent on a toujours

$$\frac{P^{(n)}}{10^n}\,(10\,B - 1) < (10\,B - 1).$$

Mais quel que soit A, nombre constant, 10^n deviendra bientôt plus grand que A. Dès-lors $A^{(n)}$ deviendra bientôt moindre que $1 + (10\,B - 1)$, ou moindre que $10\,B$, pour rester toujours moindre que cette même quantité.

Cela étant, il est visible que, puisque les A sont entiers et que $10\,B$ est un nombre invariable, les A doivent revenir les mêmes, périodiquement à la suite les uns des autres, après un certain nombre d'opérations partielles ; et par conséquent, $P^{(n)}$ doit présenter des périodes composées d'un même nombre de chiffres ordonnés de la même manière.

15 *

Exemple.

$A = 7; B = 5$. On aura

$A^{vi}\ A^v\ A^{iv}\ A'''\ A''\ A'\ A$

0	2	1	4	2	3	0 ligne des dixaines ou de q, q',
7	1	4	2	8	5	7 ligne des $a\ a'\ a''$;

où l'on voit que $A^{vi} = A$, et que $P^{(n)}$ est périodique, présentant dès le commencement la période de six chiffres (1 4 2 8 5 7).

Autre Exemple.

$A = 135; B = 16$.

On aura

$A^{xiii}\ A^{xii}\ A^{xi}\ A^x\ A^{ix}\ A^{viii}\ A^{vii}\ A^{vi}\ A^v\ A^{iv}\ A'''\ A''\ A'\ A$

	7		0	9		9	0	6			3	9	
5	8	4	9	0	5	6	6	0	3	7	7	3	5

Ici A^{xiii} est égal à A, et la période commence avec le premier chiffre 5.

Autre Exemple.

$A = 42; B = 4$.

$A^{vii}\ A^{vi}\ A^v\ A^{iv}\ A'''\ A''\ A'\ A$

1	0	3	2	3	0	1	4
2	3	0	7	6	9	2	2

Ici $A^{vii} = A'$, et la période commence au second chiffre.

3.º Si l'on désigne par $S^{(n)} a$, $S^{(n)} q$, les sommes respectives des a et des q, c'est-à-dire, si l'on fait

$$a + a' + a'' + \ldots a^{(n\,1)} = S^{(n)} a \,;$$
$$q + q' + q'' + \ldots q^{(n\,1)} = S^{(n)} q \,; \qquad (4),$$

et qu'on ajoute les équations du n.º 1 , on aura

$$A + B\,S^{(n)} a + S^{(n)} q = 10\,S^{(n)} q + S^{(n)} a + A^{(n)},$$

d'où l'on tire

$$A^{(n)} = A + (B - 1)\,S^{(n)} a - q\,S^{(n)} q \qquad (5).$$

4.º D'après l'équation (3), on a

$$10^m\,A^{(m)} = A + P^{(m)}\,(10\,B - 1) \qquad (6);$$

et si $m + p = n$, on aura, en retranchant (6) de (3),

$$10^{m + \mathrm{P}}\,A^{(m)} - 10^m\,A^{(m)} = \left(P^{(n)} - P^{(m)}\right)(10\,B - 1)\,;$$

et si $A^{(m)} = A^{(n)}$, il viendra

$$\frac{P^{(n)} - P^{(m)}}{10^m\,(10^p - 1)} = \frac{A^{(m)}}{10\,B - 1} \qquad (7).$$

Mais, d'après la définition (2),

$$P^{(n)} = \left(a + 10a' + 10^2 a'' + \ldots + 10^{m-1} a^{(m-1)}\right)$$
$$+ 10^m \left(a^{(m)} + 10\,a^{(m+1)} + 10^2 a^{(m+2)} + \ldots\right.$$
$$\left. 10^{(p-1)} a^{(m+p-1)}\right),$$

ou bien

$$\frac{P^{(n)} - P^{(m)}}{10^m} = a^m + 10 a^{(m+1)} + \ldots 10^{p-1} a^{(m+p-1)}.$$

Si l'on désigne par $P^{(p)}$ le second membre de cette équation, ce sera une période qui se répétera indéfiniment, et qui aura pour origine $A^{(m)}$: ainsi on aura, d'après (7),

$$\frac{P^{(p)}}{10^{p} - 1} = \frac{A^{(m)}}{10 B - 1} \qquad (8).$$

$P^{(p)}$ est composé de p chiffres : 10^{p-1}, est le nombre $99\ldots 99$ composé de p 9; ainsi, le premier membre de (8) est la valeur réduite en fraction ordinaire de la fraction décimale dont $P^{(p)}$ est la période; ou, en d'autres termes, $P^{(p)}$ est la période de la fraction $\dfrac{A^{(m)}}{10 B - 1}$ réduite en décimale : et l'on voit que cette réduction est ramenée à exécuter entre $A^{(m)}$ et B l'opération dont il s'agit ici.

Ainsi, dans notre 1.er exemple ci-dessus, où $A^{VI} = A$, la période de six chiffres $(1\ 4\ 2\ 8\ 5\ 7)$ est celle qui appartient à la fraction $\frac{7}{49} = \frac{1}{7}$; dans le 2.e exemple, la période de huit chiffres (84905660177335) est celle de la fraction

$\frac{135}{159} = \frac{45}{53}$; dans le troisième, la période de six chiffres (307692) appartient à la fraction $\frac{12}{39} = \frac{4}{13}$.

5.° Soit N un nombre premier : on sait que la fraction $\frac{1}{N}$ se convertit en fraction décimale périodique, et que la période commence immédiatement après la virgule : pour trouver cette période, on fera

$$\frac{1}{N} = \frac{A^{(m)}}{10\,B - 1},$$

d'où, en écrivant simplement A pour $A^{(m)}$, en faisant $N = 10\,q + n$, on aura

$$A\,q + \left(\frac{A\,n + 1}{10}\right) = B \qquad (9);$$

équation qui servira à déterminer A et B. Or, A et B doivent être entiers, il faut donc que $\frac{A\,n+1}{10}$ soient entiers ; mais, dans notre hypothèse de N premier, les valeurs de n se réduisent à quatre, savoir :

$$n\ (1),\ (3),\ (7),\ (9),$$

et on satisfait par A (9), (3), (7), (1), à la condition $\frac{A\,n+1}{10}$ égal à un entier.

Ainsi, d'après (9), on a

$$B\,(9q+1),\,(3q+1),\,(7q+5),\,(q+1).$$

Il n'est pas nécessaire d'avertir qu'on peut satisfaire à la condition $\dfrac{An+1}{10}$ égal à un entier par d'autres valeurs ; mais celles-ci étant les plus petites rendront l'opération plus facile.

Exemple.

$N\,(7,\ 17,\ 19,\ 23,\ 29,\ 47,\ 59,\ 61,\ 97\,)$,
$A\,(7,\ 7,\ 1,\ 3,\ 1,\ 7,\ 1,\ 9,\ 7\,)$,
$B\,(5,\ 12,\ 2,\ 7,\ 3,\ 33,\ 6,\ 55,\ 68\,)$,

Les nombres N sont ceux au-dessous de 100 qui donnent à la période de $\dfrac{1}{N}$ un nombre $N-1$ de chiffres.

6.° L'opération peut se pratiquer un peu autrement, savoir, en donnant aux A, A', A'', &c. la forme $10\,q-a$, $10\,q'-a'$, $10\,q''-a''$, c'est-à-dire, en prenant pour a, a', a'', la différence entre A, A', A'', et le nombre entier de dixaines égal, ou le plus prochainement supérieur. Ce changement n'apporte dans nos formules d'autres modifications que la conversion de $(10\,B - 1)$ en $(10\,B + 1)$: d'où il résulte que l'équation (9) devient

$$A\,q + \left(\frac{A\,n - 1}{10} \right) = B\,;$$

par conséquent, on satisfait à la condition de $\frac{A\,n - 1}{10}$, nombre entier, par les plus petits nombres, en posant

$$
\begin{array}{l}
n \;(1),\; (\quad 3\quad),\; (\quad 7\quad),\; (\quad 9\quad), \\
A \;(1),\; (\quad 7\quad),\; (\quad 3\quad),\; (\quad 9\quad), \\
B \;(q),\; (7\,q + 2),\; (3\,q + 2),\; (9\,q + 8)\,;
\end{array}
$$

et l'on voit par-là que les A, dans ce système, sont complément à 10 de ceux du premier système, et que les B du second sont complément à N de ceux du premier.

Ainsi, dans les exemples rapportés plus haut, la suite des B sera

$$B \;(2,\, 5,\, 17,\, 16,\, 26,\, 14,\, 53,\, 6,\, 29).$$

On pourra choisir entre les deux procédés, celui qui donnera pour B la plus petite valeur : par exemple, pour exécuter la période de $\frac{1}{61}$, il vaudra mieux se servir de 6 par le second procédé, que de 55 par le premier.

7.° Multiplions les équations (1) en ordre renversé, c'est-à-dire, en commençant par la dernière, pour arriver à la première, par les termes de la suite $B^0, B^1, B^2 \dots B^n$ respectivement ; puis, ajoutons-les ; et l'on obtiendra sans peine la formule

$$(A\,B^n - A^{(n)}) = (10\,B - 1)(B^{n-1}\,q + B^{(n-2)}\,q' + B^{n-3}\,q'' + \dots \dots q^{(n-1)}),$$

qui, en posant

$$Q^{(n)} = B^{n-1}\,q + B^{n-2}\,q'\,B^{(n-3)}\,q'' + \dots q^{(n-1)} \quad (10),$$

devient

$$(A\,B^n - A^{(n)}) = (10\,B - 1)\,Q^{(n)} \qquad (11).$$

Si $A^{(n)}$ se trouve être égal à A, l'équation (11) donne sur-le-champ

$$\frac{Q^{(n)}}{B^{(n)} - 1} = \frac{A}{10\,B - 1} \qquad (12).$$

Mais il est visible que $Q^{(n)}$ est la suite des chiffres $q^{(n-1)}, q^{(n-2)} \dots q', q$, écrits dans le système arithmétique qui a pour base B, et que $\frac{Q^{(n)}}{b^n - 1}$ est le résultat de la réduction en fraction ordinaire de la fraction $\frac{A}{10\,B - 1}$ convertie en fraction périodique dont $Q^{(n)}$ est la période ; l'équation (12) donnera donc, dans le système dont la base est B, la période de la fraction $\dfrac{A}{10\,B - 1}$.

Mais, d'après l'équation (8) dans le système décimal, l'opération que nous discutons donne aussi la période de $\dfrac{A}{10\,B - 1}$. D'ailleurs les chiffres a, q, reparaissent périodiquement ensemble : donc de la comparaison des équations (8) et (12), il résulte que la même fraction $\dfrac{A}{10\,B - 1}$ donne des périodes d'un même nombre de chiffres, dans le système 10 et dans le système B, et que les a, a', &c. expriment cette période dans le système à base 10 et les $q^{(n-1)}$, q, $^{(n-2)}$, &c. dans le système à base B. Or $q^{(n-1)}$, $q^{(n-2)}$ n'est autre chose que la série q, q', &c. écrite à rebours ; donc, les chiffres q, q'...., pris dans un ordre inverse, sont, dans la base B, la période de la fraction $\dfrac{A}{10 - B_1}$.

Exemple.

$A = 7$, $B = 5$, la fraction $\dfrac{A}{10\,B - 1} = \dfrac{-}{49}$ $= \frac{1}{7}$: or, si on cherche dans le système à base 5, la période pour $\frac{1}{7}$, on trouvera :

Base 5, 25, 20, 30, 10, 15, 5,
$\frac{1}{7} =$ 0   3   2   4   1   2   0.

Or, si l'on renverse l'ordre des chiffres périodiques 032412, en écrivant 214230, on
aura précisémment la ligne des q, q', &c. que
nous avons trouvée plus haut en développant
l'opération appliquée aux mêmes nombres,
$A = 7$, $B = 5$.

8.° Quand on trouve les chiffres de la période par l'opération ordinaire de la division,
on a la période des dividendes partiels, dont
chacun est le reste, multiplié par 10, de la
division précédente ; rien n'est plus facile que
de trouver cette période dans un ordre inverse,
en même temps qu'on écrit les chiffres de la
période principale : en effet, α, α', &c. étant
les chiffres de la période des restes, et a, a',
a'', &c. ceux de la période principale dérivée
de la fraction $\frac{1}{N}$, on a évidemment $a\,N + \alpha$
$= 10\,\alpha'$; $a'\,N + \alpha' = 10\,\alpha''$; $a''\,N + \alpha'' =$
$10\,\alpha'''$, et ainsi du reste.

NOTE K. — *Page 137.*

Sur la formation des fractions périodiques,
nous n'avons pas insisté sur une méthode très-
active pour former les fractions périodiques,
parce que l'exposer, c'est l'avoir pour ainsi dire

démontrée. Elle consiste, lorsqu'on a trouvé un reste très-petit par la division, à multiplier par ce reste les chiffres obtenus : par exemple, en opérant par la division, les cinq premiers chiffres de la fraction $\frac{1}{173}$ se sont trouvés être 0,00578 avec un reste 6 ; je multiplie ces cinq chiffres par 6, et j'ai 03468 pour les cinq autres ; multipliant ceux-ci par 6, j'ai 20808 : donc les quinze premiers chiffres de la période sont 0,005780346820808. Ceci est fondé sur ce que les premiers chiffres donnant Q pour quotient et r pour reste, on a $\frac{1}{p} = Q + r$ avec un reste r ; on aura, en multipliant par r, les deux membres de l'équation $\frac{r}{p} = Qr + r^2$.

NOTE L. — *Page 157.*

Soit $10^n - p = p'$, on a $p^2 = 10^n$. La première partie de cette formule donne la partie décadaire ; la deuxième est le carré complémentaire juxta-posé. Ramenant dans la partie décadaire seulement, au lieu de p', sa valeur $10^n - p$, on obtient $p^2 = 10^n (p - 10^n + p) + p'^2 = 10^n (2p - 19^n) + p'^2 = 10^n . 2 . p - 10^{2n} + p'^2$.

Donc la partie décadaire est $10^n \times 2 - 10^{2n}$. Si donc on ajoute à la partie décadaire 10^{2n}, il ne restera plus que $10^n\, 2.p$. Donc, en séparant n des chiffres, et prenant la moitié, on doit avoir p ou la racine.

Il suit de là que, si a, b, c, d sont des chiffres pris suivant leur valeur absolue, dans notre système décimal, par exemple, leur valeur relative dépend de leur position.

Si maintenant p, q, r, s a pour chiffres

$abcd$ partie décadaire.

$e'f'g'h'$ carré complémentaire.

$abcd\,e'f'g'h'$ carré total.

on aura pour carrés de p, q, r, s, précédés de 9,

$$99abcd\ \ ce'f'g'h'$$
$$99abcd\ \ ooe'f'g'h'$$
$$999abcd\,ooo\,e'f'g'h'.$$

1.er Exemple.

Le carré de 91 est 8281 ;
Celui de 991 sera 982081 ;
Celui de 9991 sera 99820081, &c.

2.ᵉ *Exemple.*

Le carré de 974 est

948 partie décadaire.
676 carré du complément 26.
_____

948676.

On aura donc

Carrés de   974   948676,
            9974   994880676,
            99974 · 9994800676, &c.

On pourrait pousser plus loin ce système
d'intercalation; mais nous l'avons seulement
fait sentir pour le cas le plus favorable, celui
où la partie décadaire est entièrement dégagée
du carré complémentaire.

FIN.

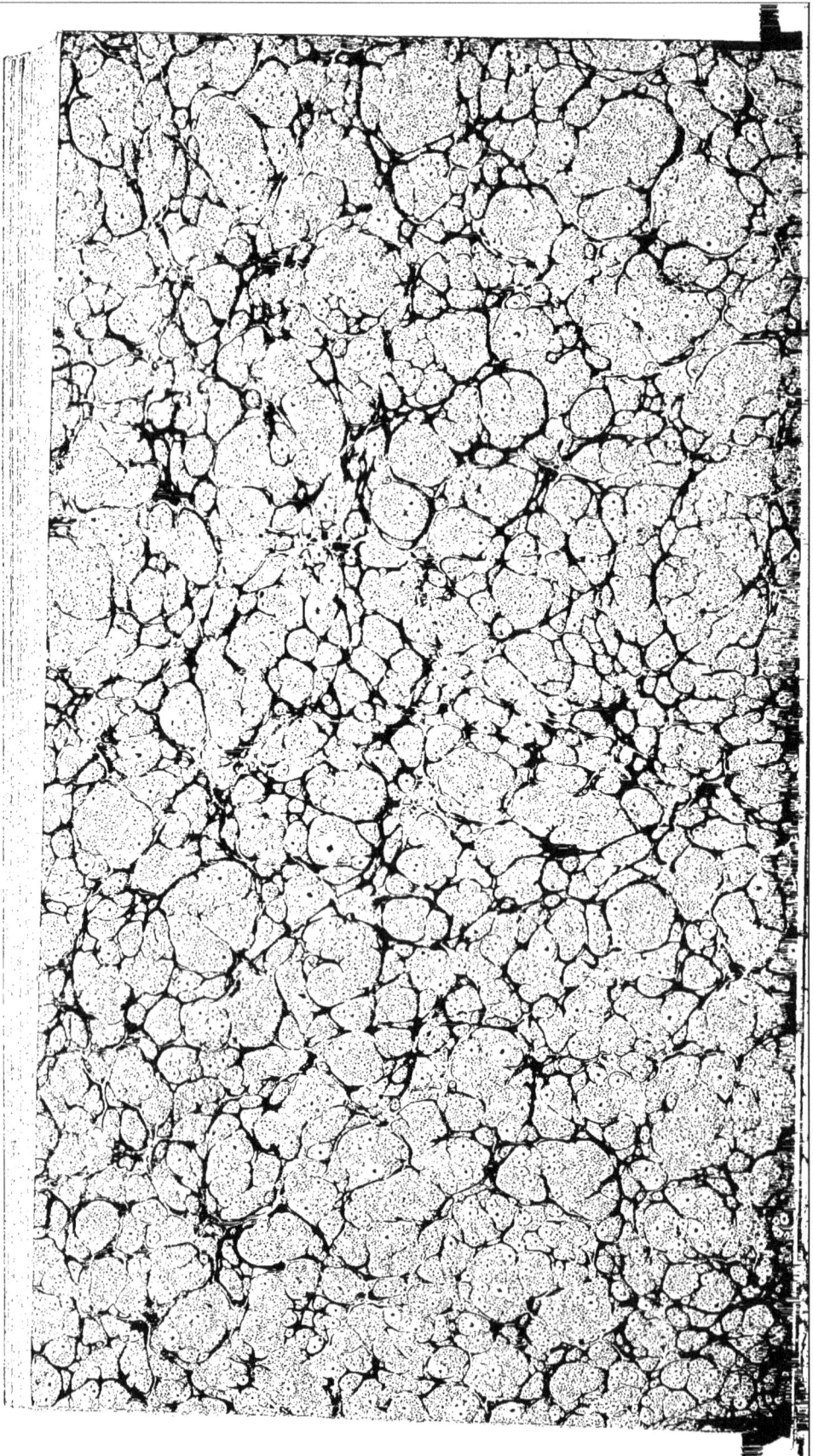

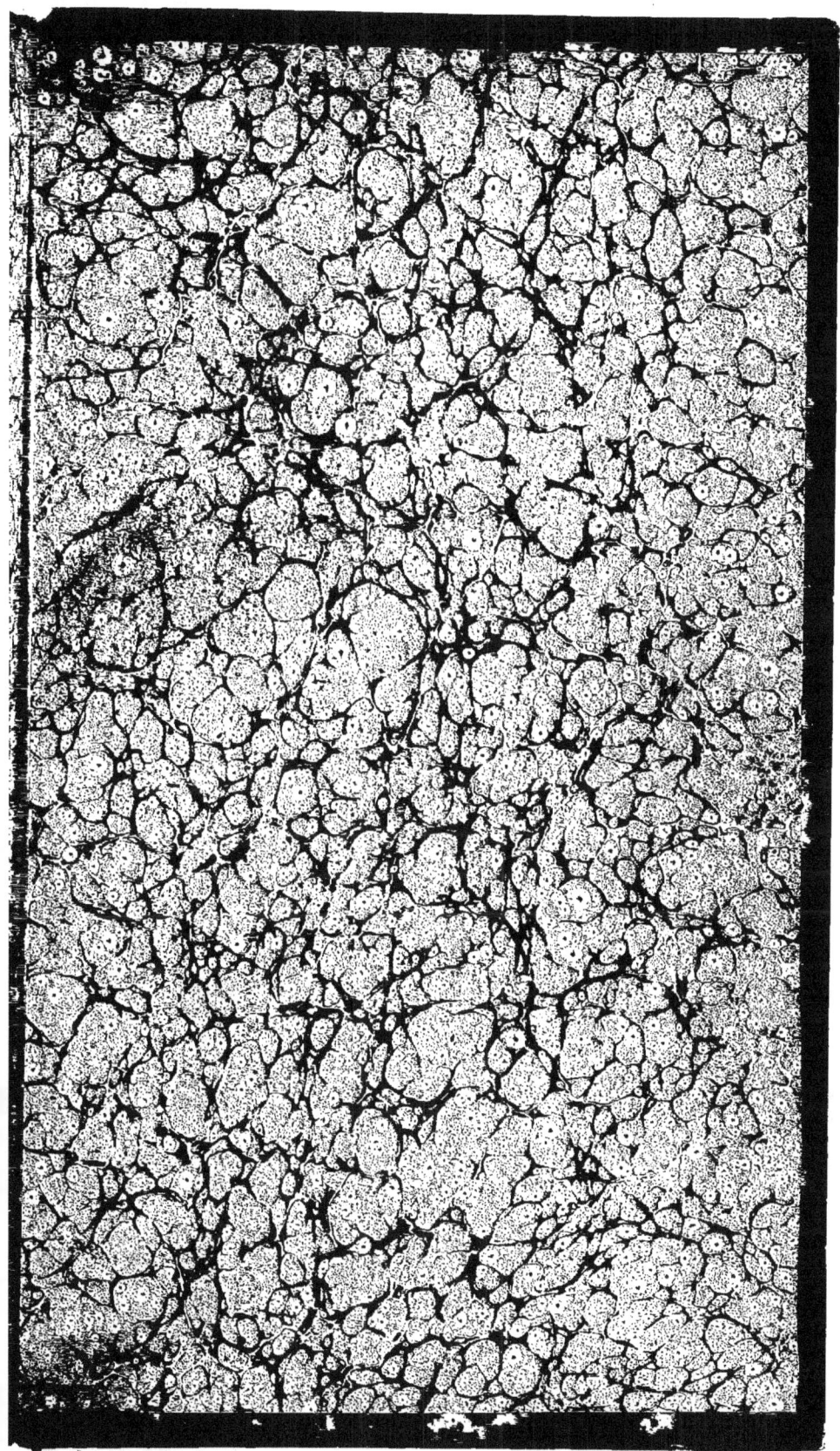

www.ingramcontent.com/pod-product-compliance
Lightning Source LLC
Chambersburg PA
CBHW060350200326
41519CB00011BA/2101